はじめて学ぶ 有機化学

高橋秀依・須貝 威・夏苅英昭 著

Organic Chemistry for Beginners

化学同人

はじめに

大学に入学して有機化学を科目として履修しはじめると，多くの学生が「有機化学は苦手」になる．たとえ高校時代に「化学は得意．有機化学は大好き！」といっていた学生でも，半年もすれば有機化学にうんざりする．教員としては真に悲しい．なぜ，学生たちは有機化学を好きになってくれないのだろう？　本書を執筆するきっかけは，そこだった．

高校と大学の教科書を比較すると，有機化学の内容には実はそれほど違いがないことがわかる．こんなに難しいことをすでに高校で学んでいるのかと驚かされたりする．なぜ，高校時代に好きだった有機化学が大学で苦手になるのか．それは，大学では「知っている」だけでは済まないからだと思う．高校の有機化学は，化学反応を現象として「知ること」が主である．一方，大学では，なぜその反応が起こるのか，なぜその化合物は不安定なのか，「なぜ？」に答えられる，より深い理解が求められる．そのためには，有機化学にかかわるさまざまな理論を学ばねばならない．当然のことながら，理論は初学者にはたいへん難しく，たいていの学生が混成軌道のあたりで挫折する．問題点はここにある．小難しい理論をある程度理解しないと，有機化学は先へ進めない．されば，難しい理論を必要最小限に絞り，代わりにイメージとしてとらえやすい説明を加えれば，有機化学が好きな学生を増やせるのではないかと考え，本書に結実させることになった．

本書は，高校と大学との橋渡し的な有機化学の教科書の一つとして，大学に入学したての理工系および医療系の学生に読んでいただきたい．また，社会人の皆さんの学び直しにも活用していただければ幸いである．本書の最大の特徴は，イラストが満載されていることである．「かわいいな」と思いながら，しっかり学んでいってほしい．また，有機化学がどのように応用されているのか，有機化学を学ぶ目的や意義をできるかぎりわかりやすく示そうと努力した．単なる学問としての有機化学ではなく，社会生活全般に役立つ有機化学を知ってほしい．

最後に，難しい内容を上手にイラストにしてくださった鈴木素美さんに感謝申しあげる．また，第四の執筆者といっても過言ではない，化学同人の栫井文子さんに心から感謝する．彼女の粘り強さと的確な指摘がなかったら，本書はできあがらなかった．素晴らしい編集者があってこそ，良書ができるのである．

2015 年 7 月

高橋　秀依
須貝　　威
夏苅　英昭

CONTENTS

Chapter 8 アルコールおよびエーテル 79

Chapter 9 アルデヒドおよびケトンの反応 87

Chapter 10 カルボン酸とその誘導体 101

Chapter 11 アミン 109

Chapter 1

有機化学をなぜ学ぶのか

1.1　有機化学という学問

有機化学は，どのような学問だろう．なぜ，有機化学を学ぶのだろう．有機化学は，もともと生命への興味がきっかけとなって始まった．19 世紀のはじめごろ，物質は何らかの生物がかかわって生まれてくるもの(有機物質)と，生物がかかわらないもの(無機物質)とに分けられ，有機物質を扱う学問として有機化学という概念が生まれた．

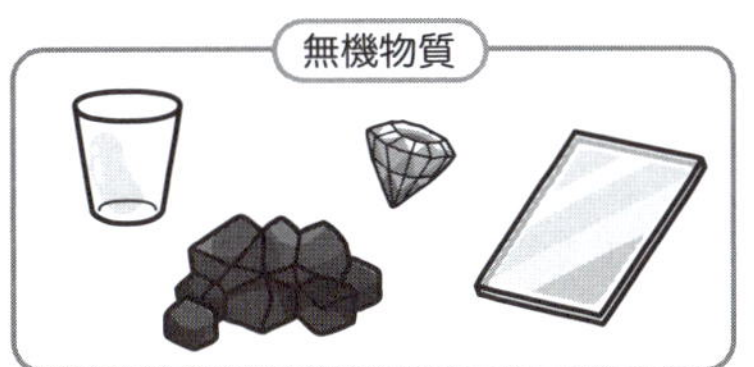

1828 年，シアン酸アンモニウムをつくろうと実験していたウェーラーは，偶然に無機物質であるシアン酸アンモニウムから尿中の有機物質である尿素が生成することを見いだした(図 1-1)．さらに 1845 年にはコルベによって二硫化炭素から酢酸が合成され，有機化合物をつくるためには生命の関与は必要なく，無機物質から人工的に合成できることがわかった．こうして有機化学は，19 世紀後半から飛躍的に発展し，現在ではおもに炭素を含む化合物(有機化合物)を扱う学問として，プラスチックや合成繊維，染料，化粧品，香料，農薬，医薬品などの生産に役立っている．一方，有機化合物は私たち

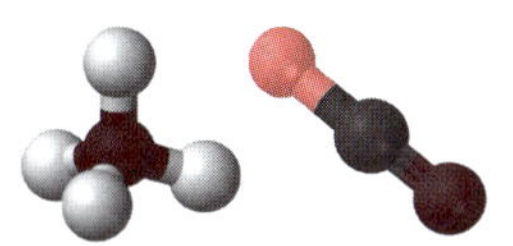

シアン酸アンモニウム

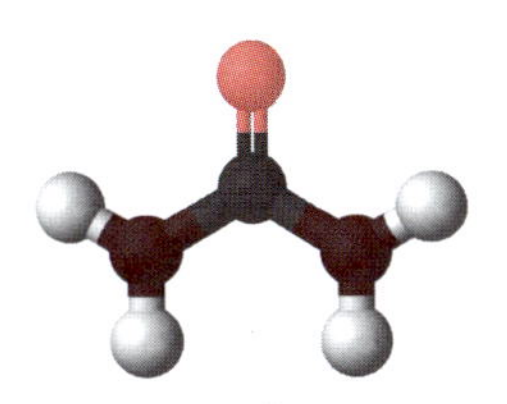

尿素

ウェーラー

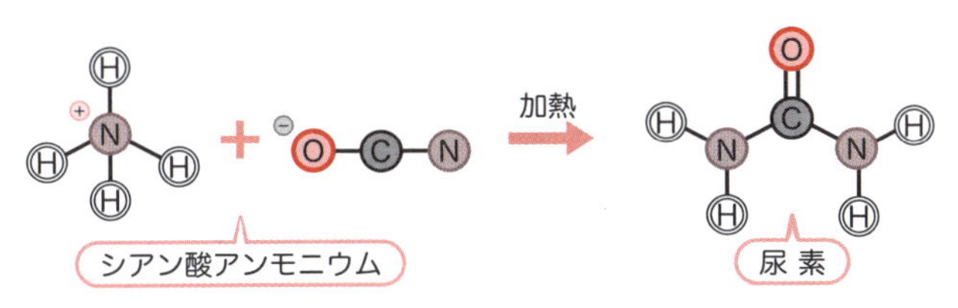

● 図 1-1　有機物質の生成

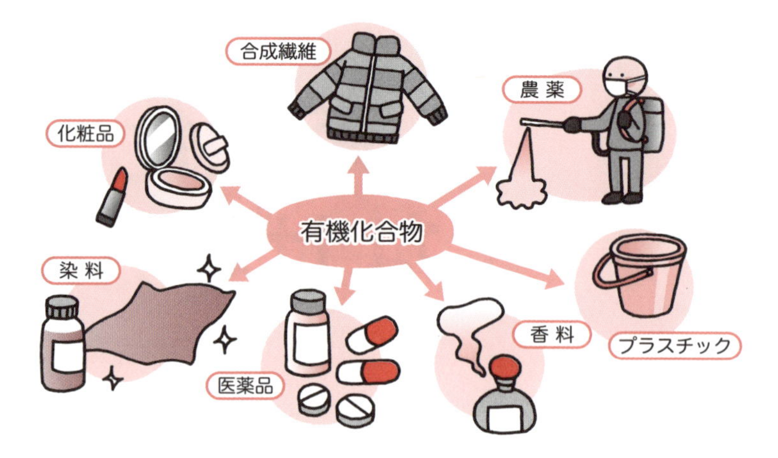

の身体を構成する要素でもある．つまり，有機化学は身体のなかのさまざまなしくみや物質のやりとりなどを学ぶための基盤となる学問でもある．なお，現代では，有機化合物の一般的な定義は，「炭素の化合物であるが，二酸化炭素や炭酸塩などの一部の単純な化合物は除く」とされ，無機化合物は「有機化合物以外のもの」，とされている．

1.2 身のまわりの有機化合物

たとえば，プラスチックは合成ポリマーや合成樹脂ともよばれているが，まぎれもなく有機化合物であり，私たちの生活のいたるところで役立っている．机の上を見まわしてみても，ボールペンや電卓，携帯電話，パソコン，CD など，すべて石油からつくられた合成ポリマーである．プラスチックには可塑性という特徴がある．このため，プラスチックはたいへん軽く，成型しやすい．合成ポリマーには，レーヨンやナイロン，テフロンなどたくさんの種類があるが，すべて炭素を含む基本的ユニットである「モノマー」が共有結合によって，長い鎖状になってたくさん連なり大きな分子「ポリマー」となる．「モノ」とは単一を意味し，「ポリ」とは多数であることを意味する．たとえば，モノマーであるエチレン分子が結合しあってポリエチレンになる（図 1-2）．

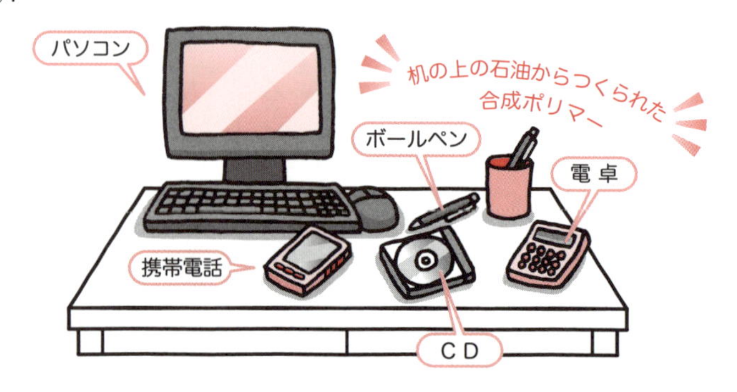

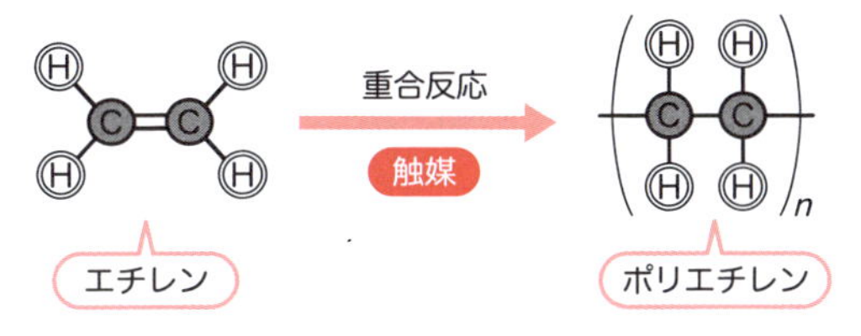

●図 1-2 低分子から高分子へ

よい香りをもたらす香料も有機化合物である．バニラの香りはバニリン，シナモンの香りはシンナムアルデヒドがもたらす．これらの有機化合物は，空気中を漂って，ヒトの鼻の受容体に作用して，匂いを感知させる．

バニリン

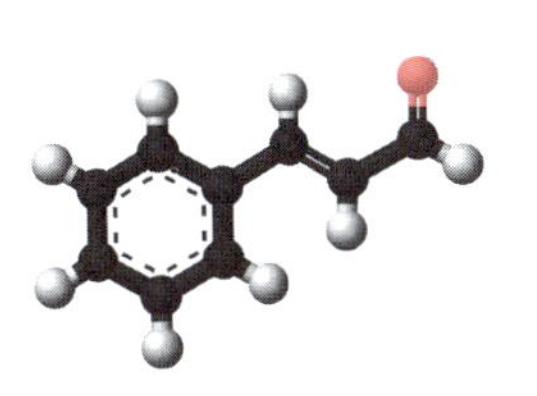

また，食品もほとんどすべてが有機化合物である．たとえば，酢をなめるとても酸っぱいと感じる．これは，舌の上で酢の主成分である酢酸がプロトン(H^+)を解離するため，舌がプロトン(H^+)を感知して「酸っぱい」と感じるのである(図 1-3)．

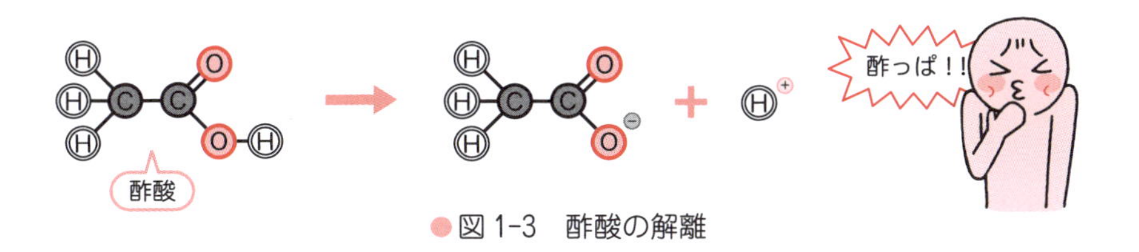

●図 1-3 酢酸の解離

このほか，消毒薬も有機化合物である．クレゾールせっけんには，数%に希釈されたクレゾールが用いられている．クレゾールは図 1-4 に示すように，異性体の混合物である．

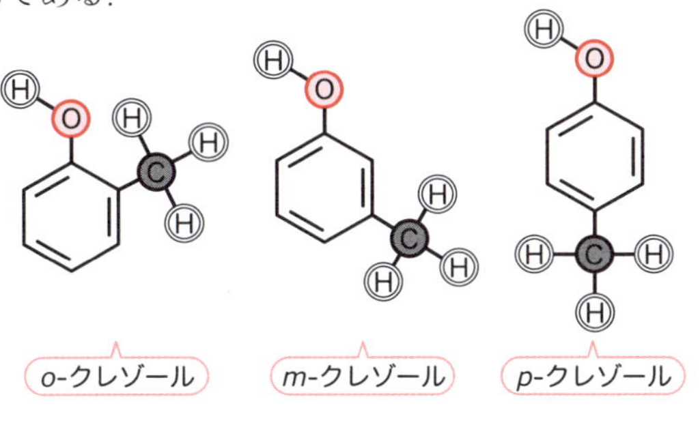

●図 1-4 クレゾールの三つの異性体

o-クレゾール

農薬のパラコートも有機化合物である．この化合物は，吸収されると活性酸素を生じ，細胞を壊すため，その結果として植物は枯れる．致死性が高く，日本では生産が中止された．

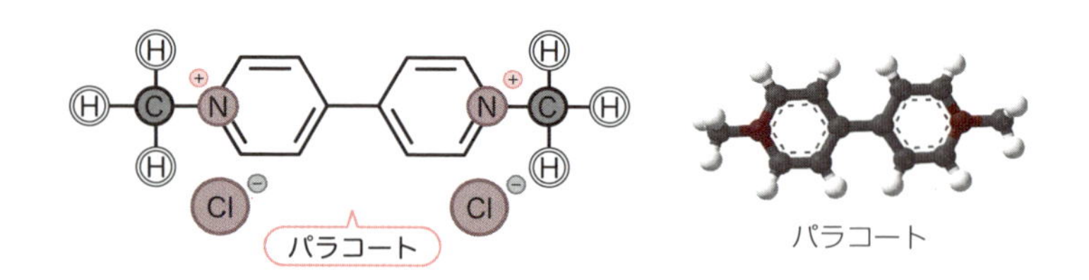

1.3 私たちの身体も有機化合物

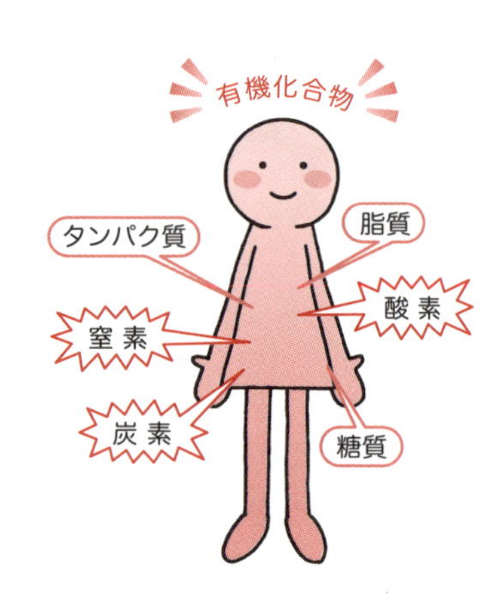

私たちの身体そのものが有機化合物である．化合物といわれると驚くかもしれないが，身体がタンパク質や脂質，糖質などからできていることを思い起こせば納得できるだろう．私たちの身体は，炭素や窒素，酸素などが複雑に組み合わさってできているので，間違いなく有機化合物なのである．当然，身体のなかで起こっているさまざまな変化は，有機化学反応になる．

たとえば，アルコール(酒)に弱い人がいる．これは，身体のなかにアルコールを分解する「酵素」が少ないからである．酵素は，有機化合物に対して有機化学反応を効率よく行う手助けをしている．アルコールを分解する酵素の行っている反応は，酸化反応である．酒はエタノールを含んでいるので，酒を飲むと身体のなかで分解してアセトアルデヒドになる(図 1-5)．酒を飲んだ後で酒くさい匂いが身体から漂うのは，酒のなかのアルコールが分解されたアセトアルデヒドが匂っているからである(9 章 p. 91 コラム参照)．

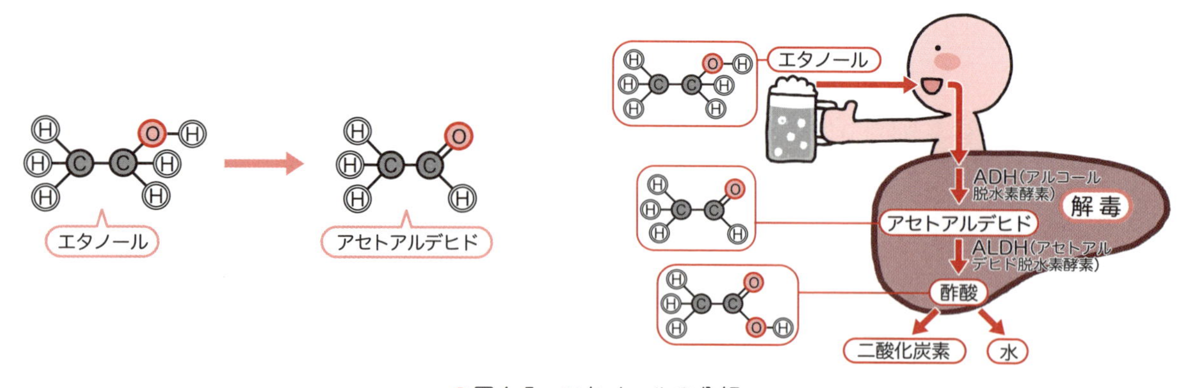

●図 1-5 エタノールの分解

このように，有機化学反応は私たちの体のなかで常にいろいろな形で起こっている．食べ物を食べて消化するのも有機化学反応である．私たちが健康で生きていくことができるのは，身体のなかで起こっているたいへん複雑な有

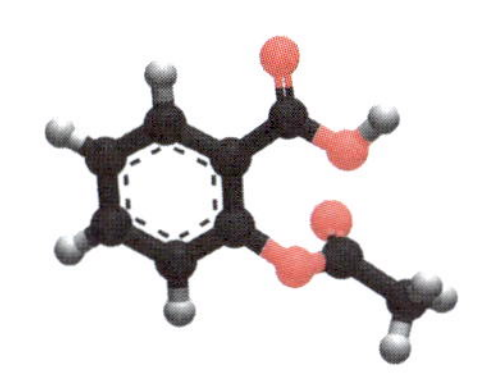

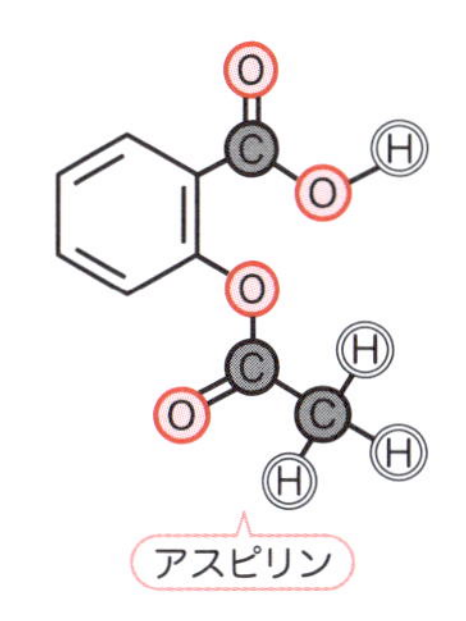

機化学反応がバランスよく正常に進んでいるからである．これが正常に進まなかったり，過度に進み過ぎたりすると，バランスが崩れ，体調の変化や病気などの症状として表に出てくることになる．私たちの身体で起こる反応をバランスよく保つしくみを図1-6に示す．

身体のなかの器官は，さまざまな有機化合物を前駆体としてつくりだしている．これが酵素と作用して，加水分解などの化学反応によって，活性を示す化合物に変換される．このような化合物を生理活性物質という．生理活性物質は，受容体とよばれる情報を受け取る窓口に作用して，何らかのシグナルを細胞内に伝える．このシグナルを受けて，身体は生理的作用を示すのである．

図1-6のしくみのなかで鍵となる働きをしているのは，酵素と受容体である．もし，正常な流れが滞ったり進み過ぎたりした場合は，これら酵素と受容体で起こっている有機化学的な反応や作用を抑える，もしくは進めることによってバランスをとることができる．したがって，多くの医薬品はこの部分，すなわち，酵素と受容体に作用する．

先に述べたように，私たちの身体が有機化合物で，身体のなかでいろいろな有機化学反応が起こっているのだとすれば，その反応にかかわる物質も当然，有機化合物のはずである．事実，酵素や受容体に作用する医薬品のほとんどは有機化合物である．たとえば，解熱・鎮痛・消炎作用などを示すアスピリンを次に示す．アスピリンは柳の木から得られるサリチル酸をアセチル化(エステル化)して合成された医薬品である．生体内で，炎症や発熱にかかわる酵素であるシクロオキシゲナーゼに作用すると考えられている(図1-7)．すなわち，アスピリンのアセチル基が，シクロオキシゲナーゼのアミノ酸残基(セリン残基)をアセチル化して酵素の働きを抑えることで作用を示すといわれている．

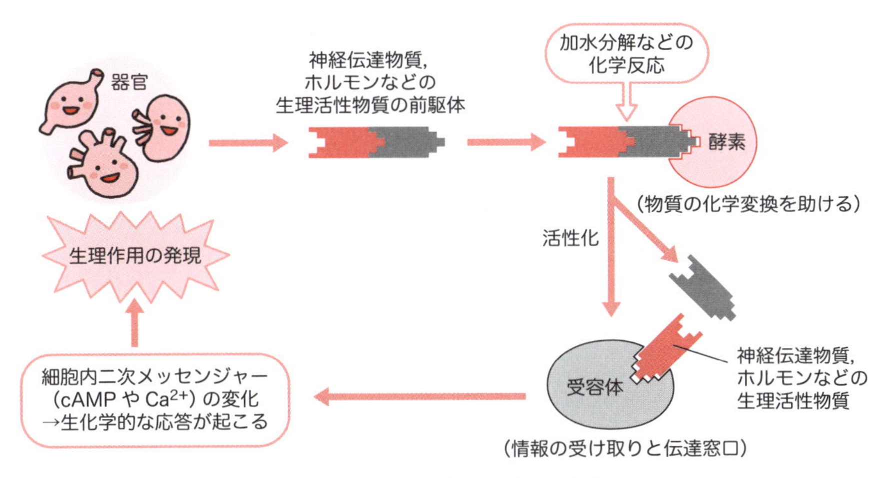

●図1-6　身体のなかで起こる反応

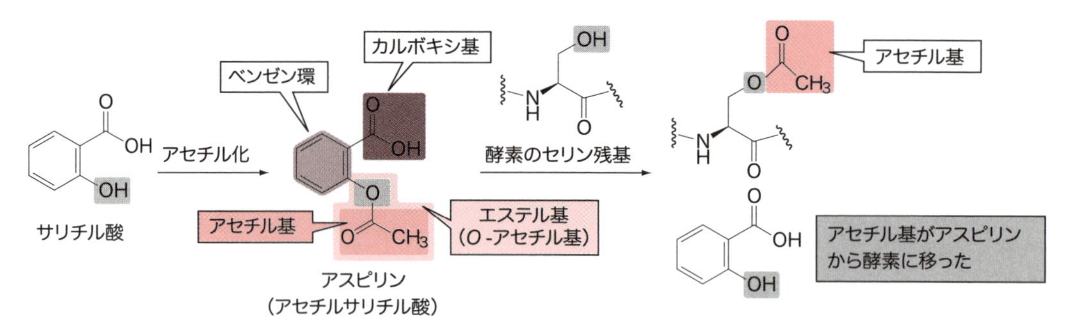

●図 1-7 アスピリンが作用するしくみ

このように，医薬品がその作用を示すしくみを十分に理解するためには，医薬品の化学構造だけでなく，その標的分子となる酵素や受容体について，化学構造や化学反応性も学ばねばならない．これらすべての根本が有機化学であり，有機化学を学ぶことがたいへん重要であるとわかるだろう．

章末問題

(1) 次の化合物(a)～(g)は有機化合物か，それとも無機化合物か．それぞれを分類せよ．

(a) メタン CH_4
(b) クロロホルム $CHCl_3$
(c) 炭酸 H_2CO_3
(d) 四塩化炭素 CCl_4
(e) 二酸化炭素 CO_2
(f) ホルムアルデヒド HCHO
(g) ギ酸 HCOOH

(2) 次のポリマー(a)～(c)について，それぞれモノマーを記せ．

(a) ポリ塩化ビニル

$$\left[\begin{array}{cc} H & H \\ | & | \\ C & - C \\ | & | \\ H & Cl \end{array}\right]_n$$

(b) ポリスチレン

$$\left[\begin{array}{cc} H & H \\ | & | \\ C & - C \\ | & | \\ H & C_6H_5 \end{array}\right]_n$$

(c) ポリアクリロニトリル

$$\left[\begin{array}{cc} H & H \\ | & | \\ C & - C \\ | & | \\ H & CN \end{array}\right]_n$$

(3) 身体のなかでデンプンを分解し，マルトース(糖)に変換する酵素(アミラーゼ)は，どのような有機化学反応を行っているか説明せよ．

(4) 酒(アルコール)を分解する酵素は，どのような有機化学反応を行っているか説明せよ．

Chapter 2

いろいろな有機化合物とその名前

2.1 有機化合物のグループ分け

有機化合物は炭素を中心として，酸素や窒素，硫黄，塩素などの元素が複雑に組み合わさってかたちづくられている．組合せにはいろいろなパターンがあるが，ある程度グループ分けをすることができる．このグループ分けの手がかりになるのが「官能基」とよばれる部分構造である．とても複雑な大きい分子も，シンプルで小さい分子も官能基ごとに分けると同じグループになることがある．このグループ分けはとても大切である．なぜなら，同じグループ(官能基)の有機化合物は同じような性質を示すことが多いからである．それぞれのグループ(官能基)の性質を知っておくことで，その有機化合物が酸性なのか塩基性なのか，水に溶けるか溶けないか，どんな化学反応をするのかなど，いろいろなことがわかってくる．有機化合物のグループ分けについて学ぼう．

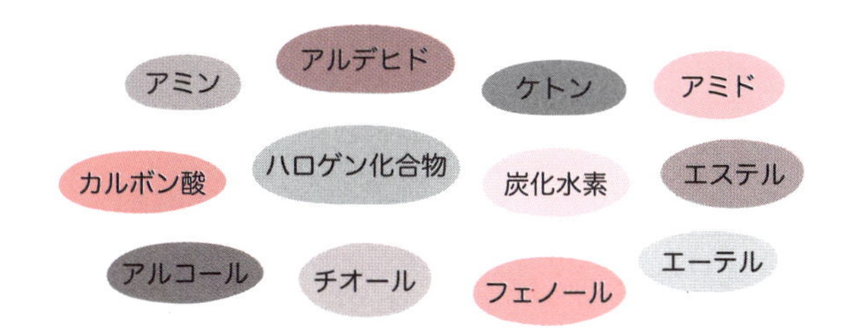

●図 2-1　有機化合物のグループ分け(おもなものを示す)

2.1.1 炭素と水素の化合物：炭化水素

炭素と水素の二つの元素だけでできている化合物を炭化水素という．したがって，炭化水素は分子式では C_xH_y で表される．炭化水素のグループのなかには飽和炭化水素(単結合だけでできている)，不飽和炭化水素(二重結合や三重結合のような多重結合がある)がある．ここでは，代表的な炭化水素をあげておく(図 2-2)．

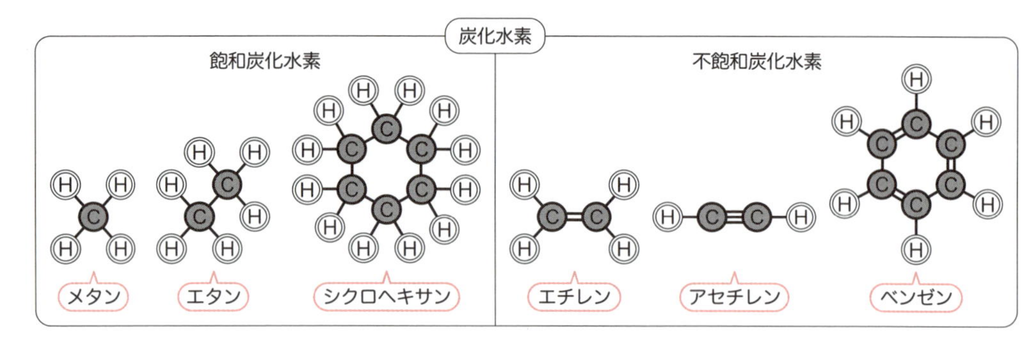

●図 2-2　炭化水素の分類

メタン

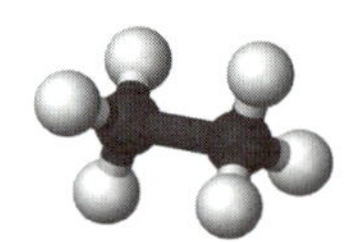

エタン

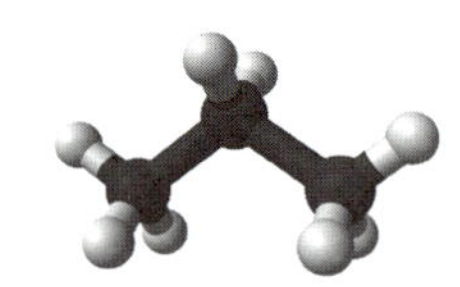

プロパン

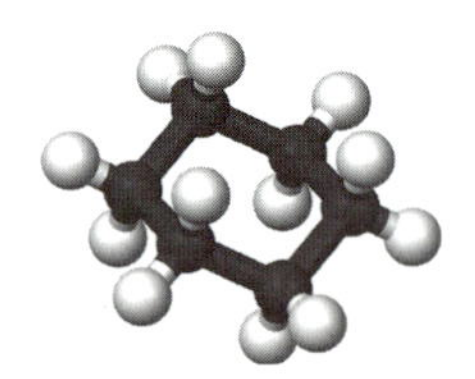

シクロヘキサン

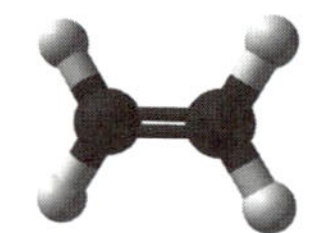

エチレン

アセチレン

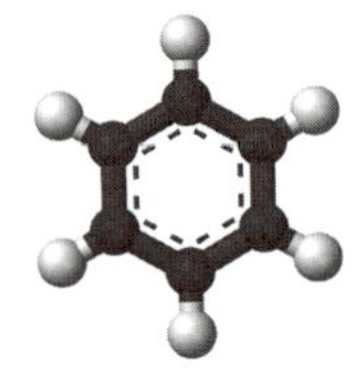

ベンゼン

[飽和炭化水素]

メタン（methane）CH_4：炭素 1 個，水素 4 個がすべて単結合でつながっている．

エタン（ethane）C_2H_6：炭素 2 個，水素 6 個がすべて単結合でつながっている．

プロパン（propane）C_3H_8：炭素 3 個，水素 8 個がすべて単結合でつながっている．

シクロヘキサン（cyclohexane）C_6H_{12}：炭素 6 個，水素 12 個からできている環状化合物．

[不飽和炭化水素]

エチレン（ethylene）C_2H_4：炭素と炭素のあいだが二重結合でつながっている．

アセチレン（acetylene）C_2H_2：炭素と炭素のあいだが三重結合でつながっている．

ベンゼン（benzene）C_6H_6：6 個の炭素原子と 6 個の水素原子からできている環状化合物．

炭素：4 本

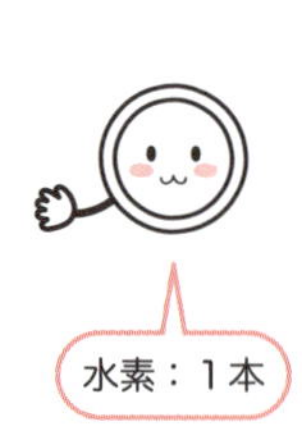

水素：1 本

2.1.2　ハロゲンがついている化合物：ハロゲン化合物

ハロゲンを含む化合物をハロゲン化合物という．ハロゲンとしては，フッ素(F)，塩素(Cl)，臭素(Br)，コウ素(I)などがある．ハロゲン化合物として「フロン」が有名である．フロン 11 は，オゾン層破壊性があるといわれているいわゆる「フロン類」の一つである．また，テフロン^{TM}は高分子化合物で，フライパンの「テフロン加工」に使われている．テフロン^{TM}のように，かっ

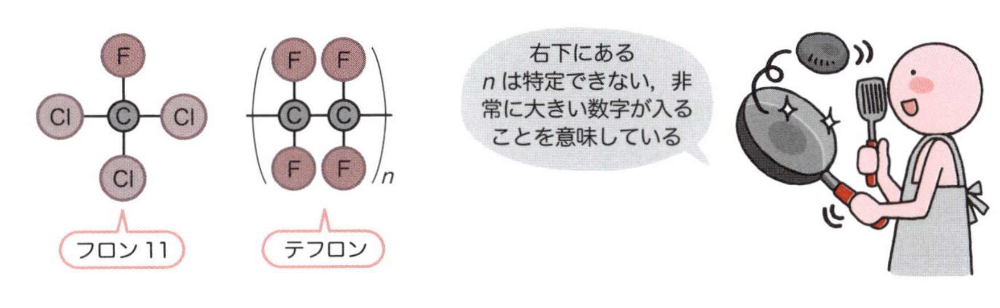

こ内の構造がとてもたくさん繰り返されてつながってできる化合物を高分子化合物という．

2.1.3　ヒドロキシ基がついている化合物：アルコール，フェノール

単結合している炭素にヒドロキシ基(−OH)がついている化合物をアルコールという．また，ベンゼン環のような芳香環にヒドロキシ基がついている化合物をフェノールという．

まず，アルコールの例を見てみよう(図 2-3)．メタノールはメタンの水素が一つヒドロキシ基(−OH)に置き換わったと考えることができる．同様に，エタンの水素が一つヒドロキシ基(−OH)に置き換わったものがエタノールである．エタノールはお酒に含まれるアルコールである．グリセロール(グリセリン)にはヒドロキシ基(−OH)が三つ結合している．

最初に構造式を書くときには炭素から出ている線(結合)をすべて書いてみよう(書き方A)(図 2-3)．だんだん慣れてきたら，炭素と水素のあいだの結合を省略して書いてみよう(書き方B)．さらに上達したら，炭素や水素の元素記号も省略してみよう(書き方C)．グリセロールのように複雑な構造になってくると，書き方AよりCのほうがシンプルでわかりやすいはずである．一方，メタノールのように単純な構造の場合は，省略して書くとかえってわかりにくくなるので，書き方Bにとどめておくのがよい．

ベンゼン環も省略して書いたほうがすっきりしてわかりやすい(図 2-4)．このような書き方をすると，ヒドロキシ基のような官能基の存在がはっきりと見えてくる．

次にフェノールの例を見てみよう．フェノールは，グループ名としても使われるが，ベンゼンの水素が一つヒドロキシ基(−OH)に置き換わった化合物固有の名前としても使われる．たとえば消毒薬として使われるクレゾール(１章図 1-4)には，*o*-クレゾール，*m*-クレゾール，*p*-クレゾールがあるが，

メタノール

エタノール

グリセロール

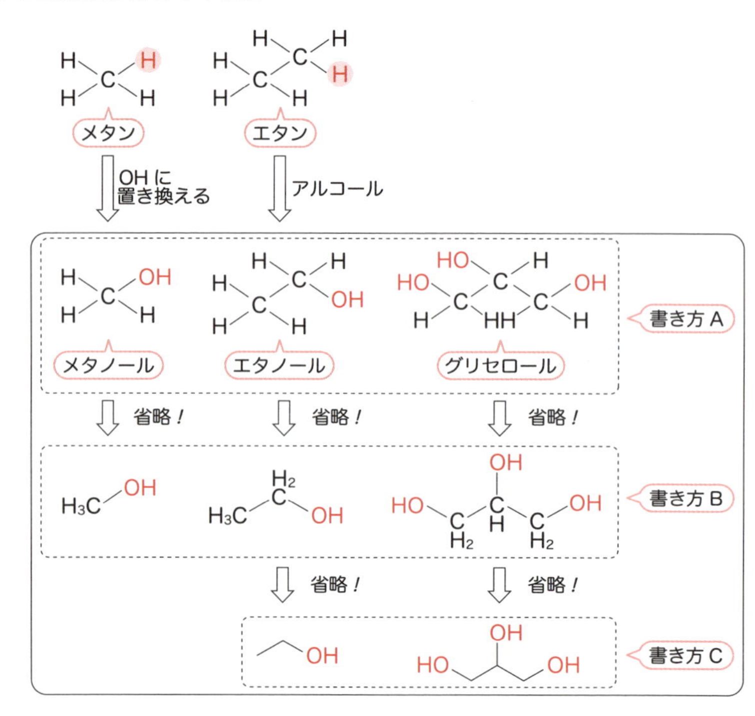

●図 2-3　アルコールの構造式の書き方

ベンゼン

OH に置き換える

フェノール

o-クレゾール

省略！

省略！

●図 2-4　芳香環をもつ化合物の構造式の書き方

すべてフェノールというグループに含まれる．

2.1.4　酸素が炭素二つと結合している化合物：エーテル

酸素が二つの炭素と結合した構造をもっている化合物をエーテルという．エーテルには直鎖状のものや環状のものがある．

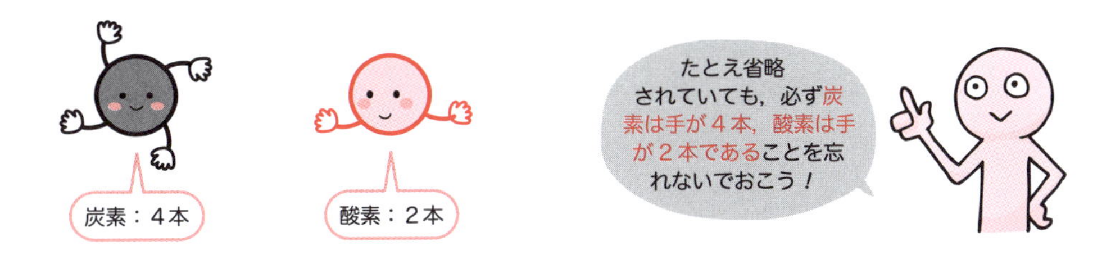

ジエチルエーテルは酸素の両側にエチル基(CH_3CH_2-)が結合している．エチル基のように炭化水素が部分構造になっているものをアルキル基といい，R− で表す．エーテルは，R−O−R と表される．

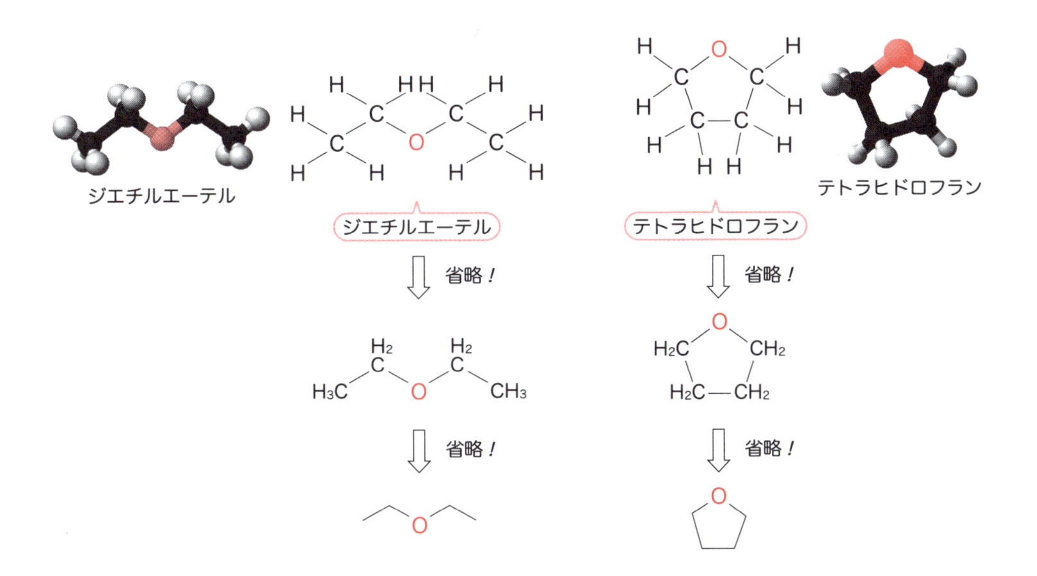

2.1.5　アンモニアを基本とした化合物：アミン

アンモニア(NH_3)の水素を炭素に置き換えた化合物をアミンという．アミンはアンモニアを基本の構造として考えるとわかりやすい．水素一つがメチル基($-CH_3$)に置き換わった化合物をメチルアミン，水素二つがメチル基に置き換わった化合物をジメチルアミン，水素三つがメチル基に置き換わった化合物をトリメチルアミンという．アミンは塩基性を示す有機化合物である．

アンモニア

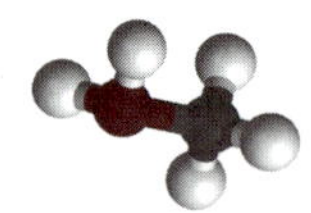
メチルアミン

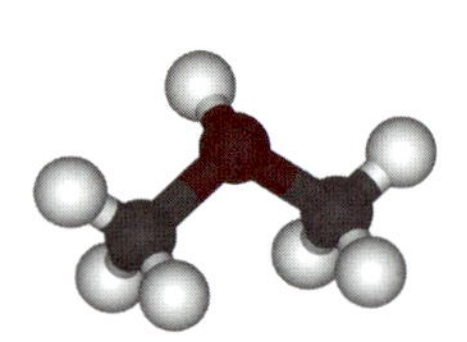
ジメチルアミン

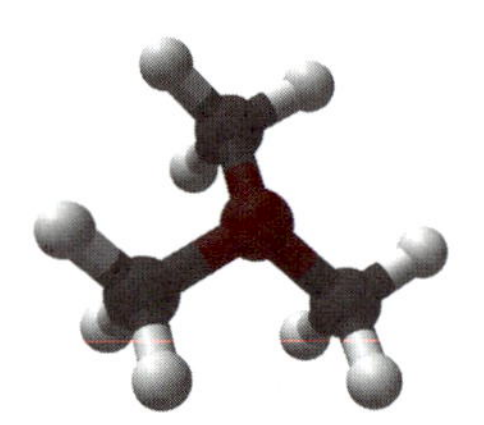
トリメチルアミン

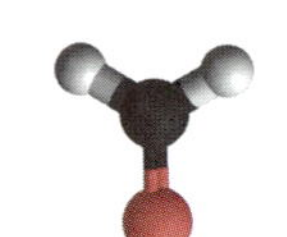
ホルムアルデヒド

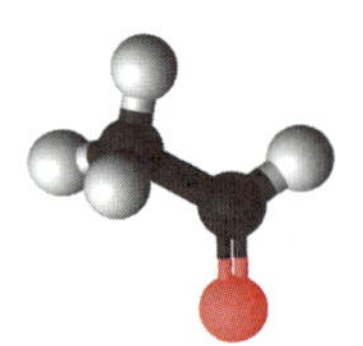
アセトアルデヒド

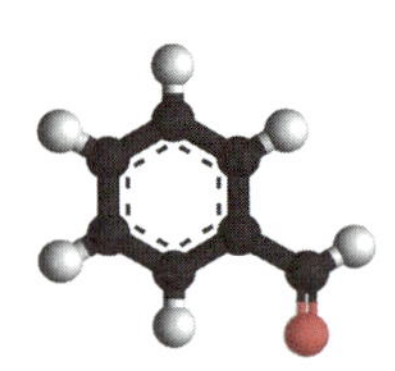
ベンズアルデヒド

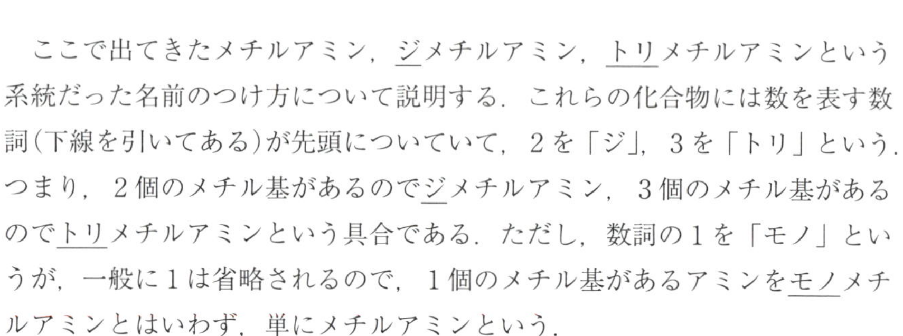

ここで出てきたメチルアミン，ジメチルアミン，トリメチルアミンという系統だった名前のつけ方について説明する．これらの化合物には数を表す数詞（下線を引いてある）が先頭についていて，2を「ジ」，3を「トリ」という．つまり，2個のメチル基があるのでジメチルアミン，3個のメチル基があるのでトリメチルアミンという具合である．ただし，数詞の1を「モノ」というが，一般に1は省略されるので，1個のメチル基があるアミンをモノメチルアミンとはいわず，単にメチルアミンという．

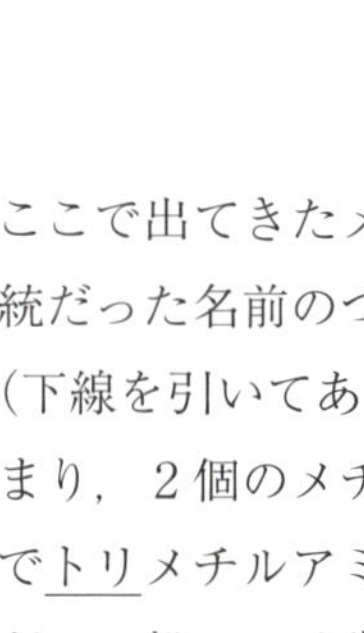
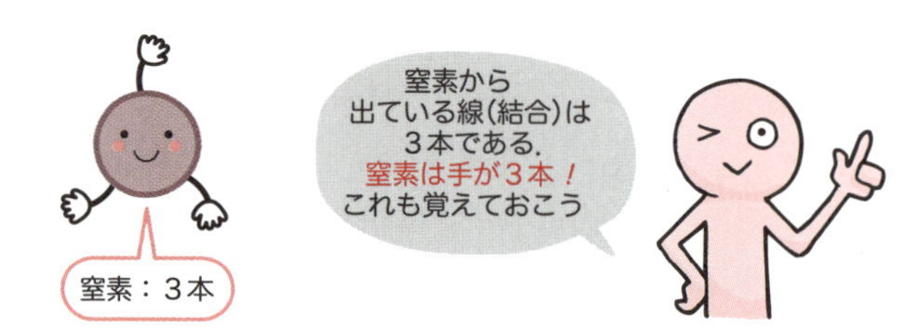

2.1.6 ホルミル基がついている化合物：アルデヒド

ホルミル基（$-$CHO）をもつ化合物をアルデヒドという．ホルムアルデヒドやアセトアルデヒド，およびベンズアルデヒドなどがある．

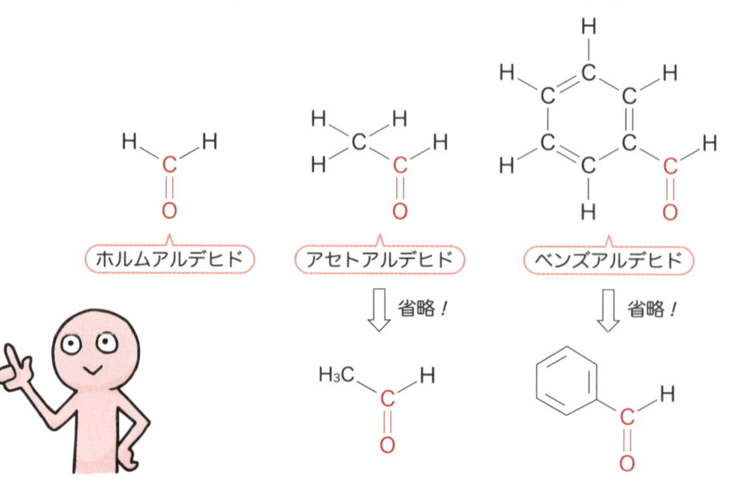

2.1.7　カルボニル基の両側に炭素がついている化合物：ケトン

炭素が酸素と二重結合をつくっている部分(C=O)をカルボニル基という．カルボニルの炭素の両側に炭素が結合している化合物をケトンという．アセトンやアセトフェノン，およびベンゾフェノンなどがある．

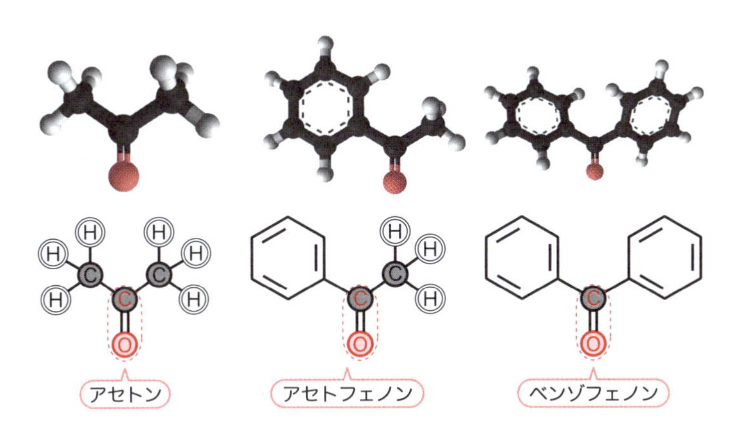

2.1.8　カルボキシ基をもつ化合物：カルボン酸

カルボン酸はその名のとおり，酸性を示す有機化合物である．カルボキシ基(−COOH)をもっている化合物をカルボン酸という．ギ酸，酢酸，および安息香酸などがある．

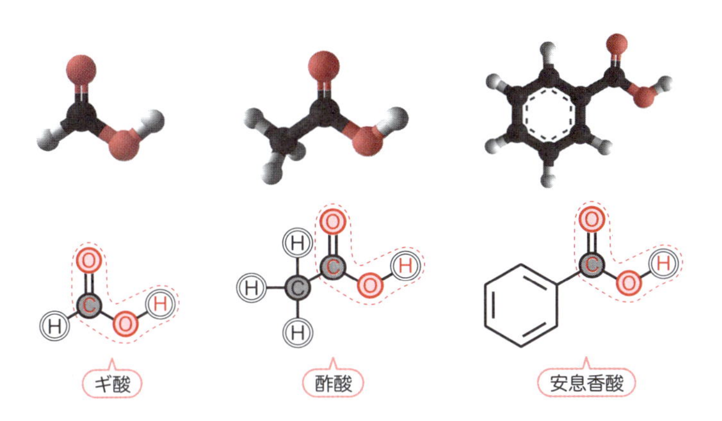

2.1.9 カルボン酸の水素が炭素に置き換わった(−COOR)をもつ化合物：エステル

カルボキシ基(−COOH)の H が炭素置換基に置き換わった化合物(−COOR)をエステルという．例として，酢酸エチルなどがある．

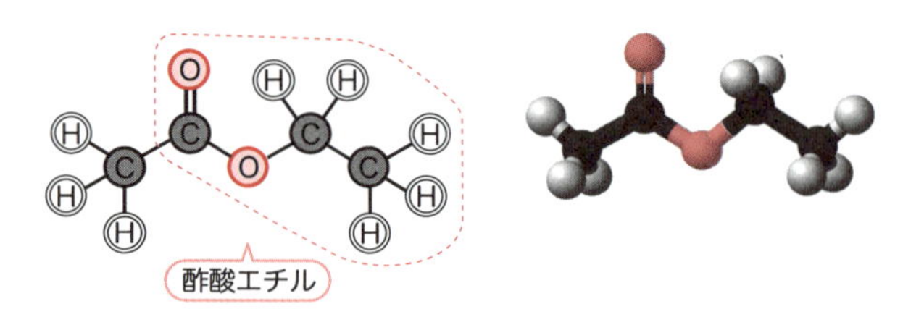

2.1.10 カルボン酸の OH が窒素置換基に置き換わった化合物：アミド

カルボキシ基(−COOH)の OH が NH_2 のような窒素置換基に置き換わった化合物をアミドという．アセトアミドや尿素などがある．

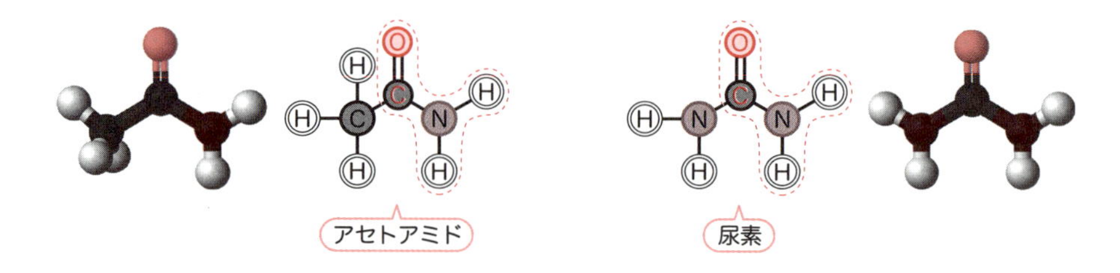

2.1.11 メルカプト基がついている化合物：チオール

アルコールの −OH がメルカプト基(−SH)に置き換わった化合物をチオールという．エタンチオールやチオフェノールなどがある．チオールは玉ねぎの腐ったような悪臭がする化合物として有名である．エタンチオールの悪臭を利用して，ガス漏れに気がつくために，もともと無臭である都市ガスに微量のエタンチオールが混ぜられている．

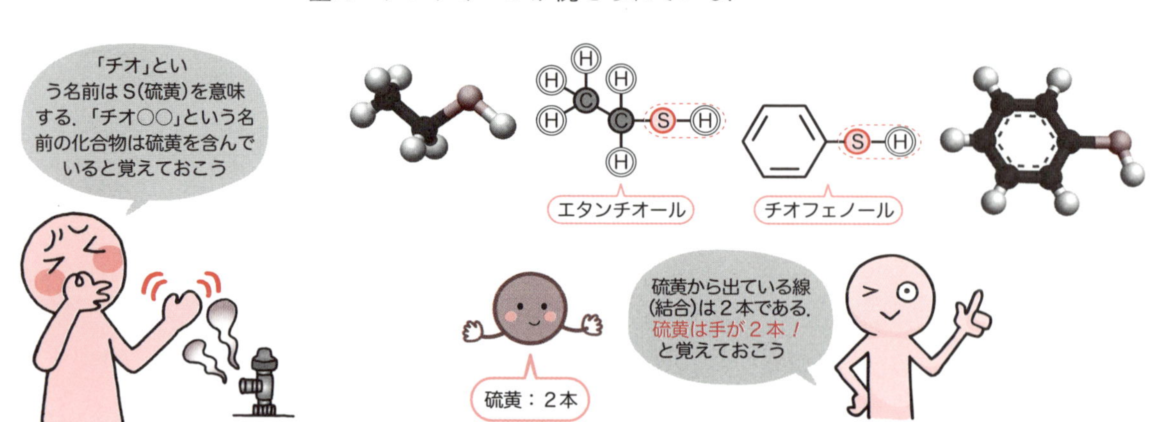

2.2 有機化合物の名前のつけ方

これまでに多くの有機化合物が登場してきた．それらの名前はどのようにつけられているのか，簡単にまとめておく．

慣用名とIUPACによる命名法

私たちの暮らしに身近な有機化合物については，古くから使われている「慣用名」が用いられている．これらはもともと広く暮らしのなかで用いられている化合物なので，すでに耳になじんだ名前であることが多い．たとえば，グリセロール，クレゾール，アニリン，トルエンなどである．しかし，新たにつくられた化合物とその名前を一つ一つおぼえていくのは，化合物の数が増えるほど，また構造が複雑になるほど，難しくなる．そこで，ルールに基づいた名前のつけ方をして，化合物と名前が1対1で対応しやすくなるようにした．これがIUPAC[*1]の命名法である．IUPACの命名法はルールがしっかりしているため間違いのない名前のつけ方ができるという利点があるが，一方であまりにもルールが複雑なため，すべてを理解するのはたいへんであるという難点もある．ここでは，いちばん基本のルール(置換命名法)だけを示し，構造と名前がある程度対応できればよいことにする．

＊1 IUPAC：国際的な科学組織．国際純正・応用化学連合．International Union of Pure and Applide Chemistry.

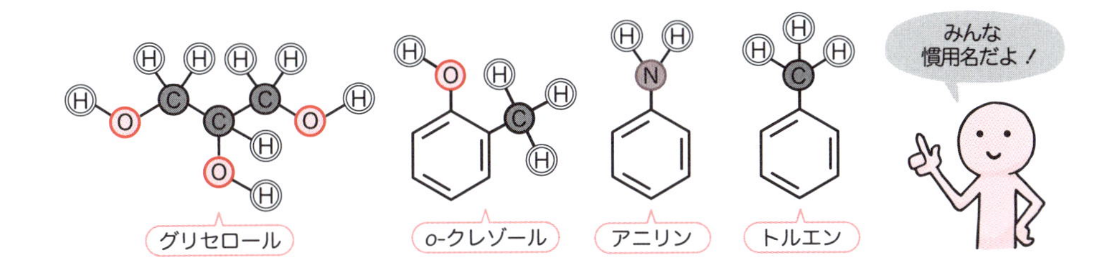

置換命名法では，化合物の構造の骨格をつくる部分を基本の構造(母体構造)とし，母体の名前(母体名)をつける．置換基は，この母体の水素が置き換わったものとみなし，置換基の名前を母体の名前に添える．もし，複数の異なる置換基が含まれている場合は，主たる官能基を名前の最後に置く(接尾辞)．それ以外の置換基は母体名の前に置く(接頭辞)．接頭辞は，その母体にどのような置換基がいくつ，どこに置換しているかも示す．接尾辞は，前節で述べたグループ分けのどのグループに属するかを示す．

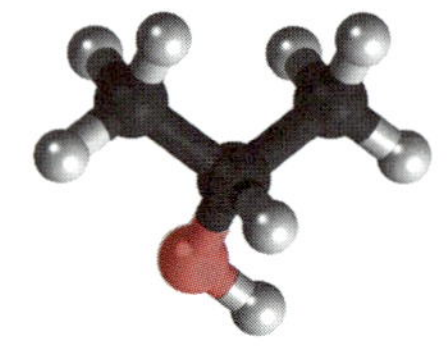

イソプロパノール

慣用名でイソプロパノール（イソプロピルアルコール）とよばれる化合物を，IUPAC の命名法に従って名づけてみよう（図 2-5）．

はじめに母体構造を確認する．母体は，最も長い炭素鎖を選ぶ．イソプロパノールの場合，炭素が三つ並んでいるのでこれを母体構造とし，母体名が propane と決まる．次に置換基を確認する．この化合物は propane の真ん中（２番目）の炭素に結合した水素が －OH（ヒドロキシ基）に置換されてできたアルコールである．したがって，－OH を示す接尾辞-ol（オール）を母体の最後に添える．このとき，母体名 propane の末尾にある e を消すことと*2，－OH が２番目の炭素に置換していることを示す「-2-」を入れることに注意しよう．こうしてイソプロパノールは propan-2-ol と命名される．

＊2 母音である e と o が連なるとき，前の母音を消す．

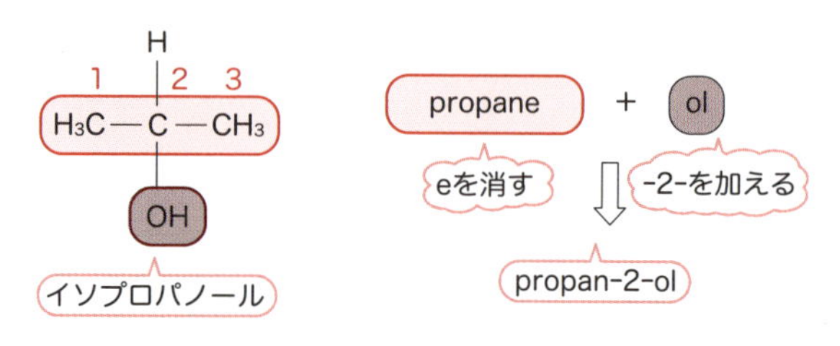

●図 2-5 IUPAC 命名法による命名

以上の基本をしっかり理解しておいてほしい．後の章でこの基本に沿った命名のしかたを使って説明していく．

章末問題

（1） 次の化合物（a）～（i）を官能基ごとにグループ分けをし，それぞれの化合物名も書け．

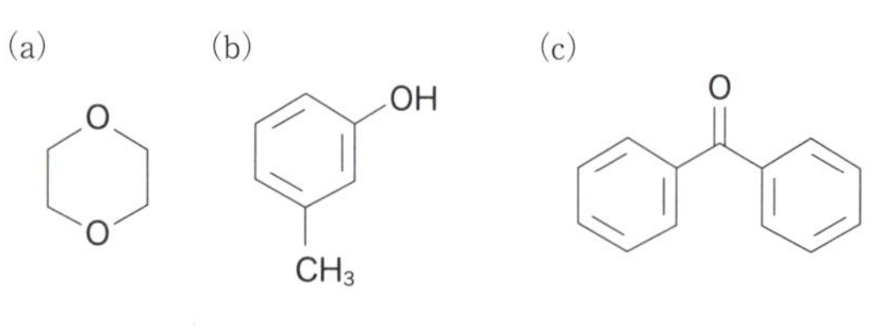

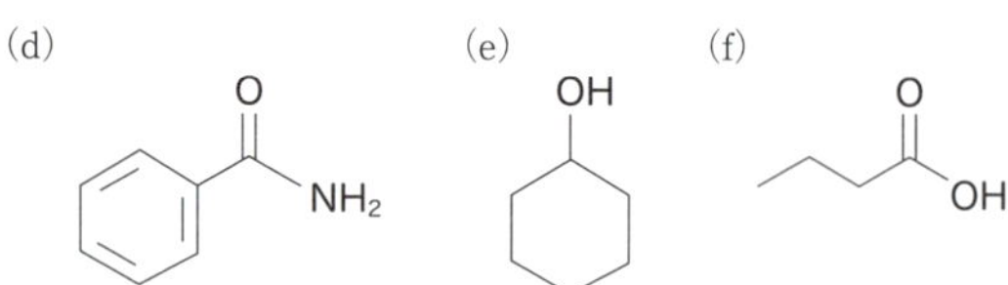

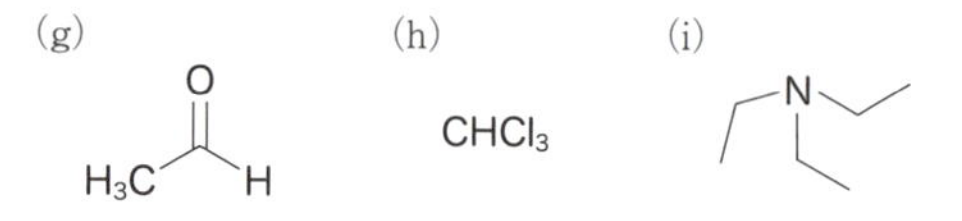

（2）（1）の化合物（a）～（i）について，炭素と水素を省略せずに表せ．

（3） 次の化合物（a）～（c）について，置換命名法を用いて命名せよ．

(a) H_3C, OH, H_3C, CH_3　(b) NH_2　(c) CH_3, H_3C, CH_3

Chapter 3 有機化合物(分子)のなりたち

3.1 原子の構造

身のまわりにあるたくさんの物質は，その物質としての性質を示す最小単位である分子から成り立っている．分子はヘリウム(He)のように一つの原子そのものが分子として存在する単原子分子と，水(H_2O)のように，複数の原子からなるものがある．「水」を名前でよぶだけでなく，分子式(H_2O)で示すことによって水を構成する元素は水素と酸素であり，水分子は水素原子二つと酸素原子一つが結合してできていることがわかる．小さい頃に楽しんだブロック遊びを思い出してほしい．ブロックにはいくつかの種類や形があり，それらを組み合わせると，橋や城などいろいろな構造物をつくることができた．ブロックの一つ一つが原子であり，それらを結合させることで多様な構造ができあがる．はじめに原子について学ぼう．

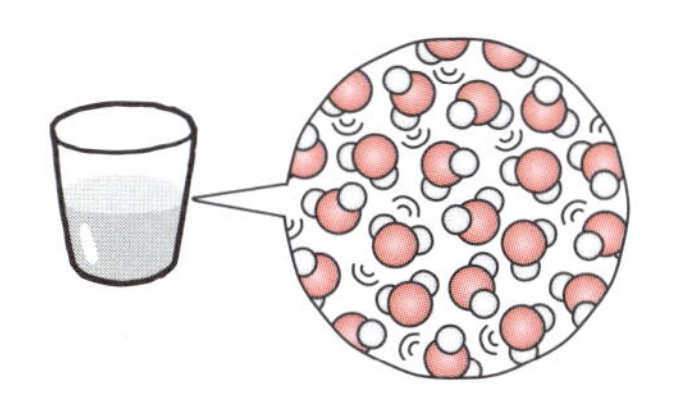

原子は中心に原子核をもち，その周囲を電子が回っている．原子核は正の電荷をもつ陽子と，電荷をもたない中性子から成り立っており，原子核全体としては正に荷電している．一方，電子は負の電荷をもっているが，電子1個の質量は，陽子や中性子の2000分の1にすぎない．したがって，原子の質量のほとんどは原子核に由来する．また，原子は全体としては電気的に中性であるので，正の電荷をもっている陽子と負の電荷をもっている電子の数は等しくなる(図3-1)．

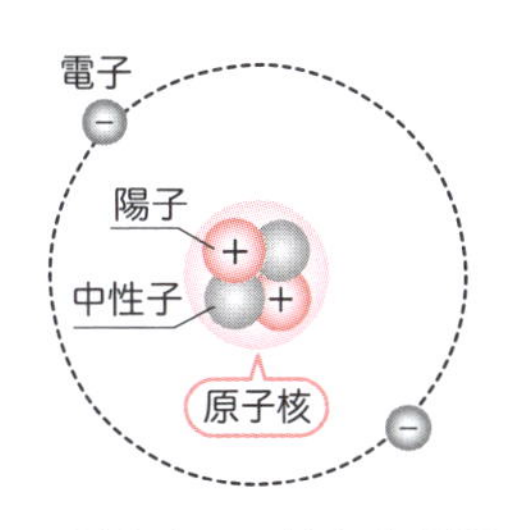

図3-1　ヘリウム原子のなりたち

原子核に存在する陽子の数はとても重要である．原子には水素，炭素，酸素など，たくさんの種類があるが，その種類の違いは陽子の数の違いによる．陽子の数が同じでさえあれば，中性子の数が異なろうと，電子の数が異なろうと，それらはすべて同じ種類の原子(元素*1)と考えられる．このように，それぞれの原子のもつ陽子の数は，その原子の種類を決める大切な数である．この陽子の数に基づいて原子番号が決まり，それぞれの原子番号によって元素が区別できる．

*1 **原子と元素** 原子は構成する成分(陽子，電子，中性子)を含んだ物質としての実体を，元素はその原子の種類(名前や記号で示す)を指す．たとえば「水を構成する元素は水素(H)と酸素(O)であり，水分子は水素原子2個と酸素原子1個が結合してできる」のように用いる．

原子番号は元素記号の左下に数字で示す．たとえば，ヘリウム(He)は，陽子の数が2個なので原子番号は2であり，$_{2}He$と示される．陽子の数と中性子の数を合計した数を質量数という．同じ元素であっても質量数が異なるものがある．これは中性子の数が異なるためであり，これらは互いに同位体とよばれる．たとえば，炭素には質量数が12，13，14と異なる同位体が存在する．いずれも陽子の数は6個であるので，中性子の数はそれぞれ6個，7個，8個である．質量数は元素記号の左上に数字で示されるので，炭素の同位体は^{12}C，^{13}C，^{14}Cと表される．また，水素には^{1}H，^{2}H，^{3}Hの同位体が存在し，原子核に含まれる中性子数はそれぞれ0個，1個，2個である．^{2}H(重水素，ジュウテリウム)をD，^{3}H(三重水素，トリチウム)をTと表記することがある．

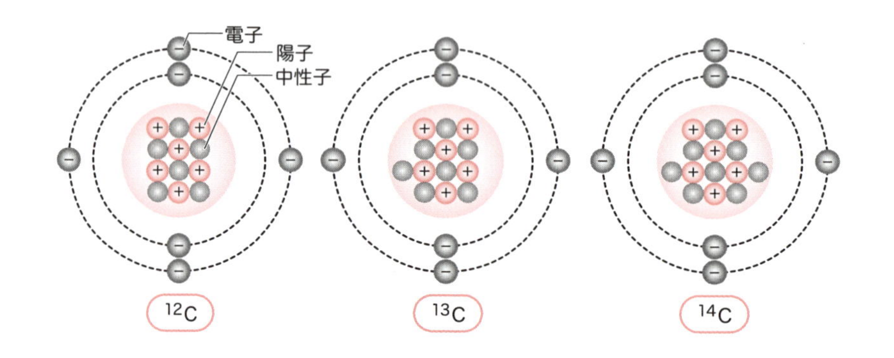

3.2 電子の軌道

次に原子核のまわりにある電子について詳しく学ぼう．電子はある一定の規則に従って原子核をとりまく空間に分布している．その分布の状態を軌道という．電子はそれぞれどれかの軌道に配置され，その所属する軌道にしたがって分布する．軌道は最大で2個の電子を収容できる．

それぞれの軌道は原子核のまわりにある殻(かく)とよばれる電子の存在確率の高い層に存在している．殻は原子核から近い順に1番目の殻，2番目の殻，3番目の殻…とよばれる(図3-2)．これらの殻を階段のないマンションの1階，2階，3階…とイメージしてみよう．それぞれの階(殻)にはいろいろな形の

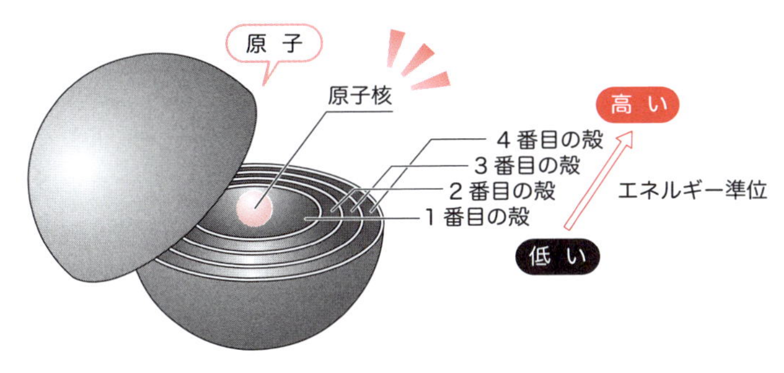

●図 3-2 原子の構造
このように殻を模式的に書くと，地球を回る衛星と同じようなイメージをもたれそうだが，あくまでもこれは模式的な書き方で，実際の電子は円を描いて回っているわけではない．

部屋(軌道)がそれぞれ異なった数で存在している．このマンションには階段がないのでそれぞれの階(殻)に入った電子は普段は互いに行き来することも接触することもできない．

1 階の住人(電子)は地面(原子核)に近くて安定であるが，3 階にいる住人(電子)は地面(原子核)から遠くて不安定な感じがする．これがポテンシャルエネルギーにあたり，地面(原子核)に近いほどポテンシャルエネルギーが低くて安定で，地面(原子核)から遠いほどポテンシャルエネルギーが高くて不安定になる．このようなポテンシャルエネルギーの高い，低いを，エネルギー準位が高い，低いと表現する．それぞれの階(殻)の電子は，さらに，かたちもエネルギーも異なる部屋(軌道)に分かれて収容される．たとえば，s 軌道は原子核を中心とする球状のかたちで，p 軌道は原子核を挟んで二つのしずく型を直線状に配置したかたちである(図 3-3)．

●図 3-3 s 軌道と p 軌道

このように，電子が収容される部屋(軌道)は種類も数もとても多いので，それらを区別するために部屋(軌道)に名前をつけてよぶ．2 番目の殻にある s 軌道は 2s 軌道，3 番目の殻にある p 軌道は 3p 軌道とよばれる．最もエネ

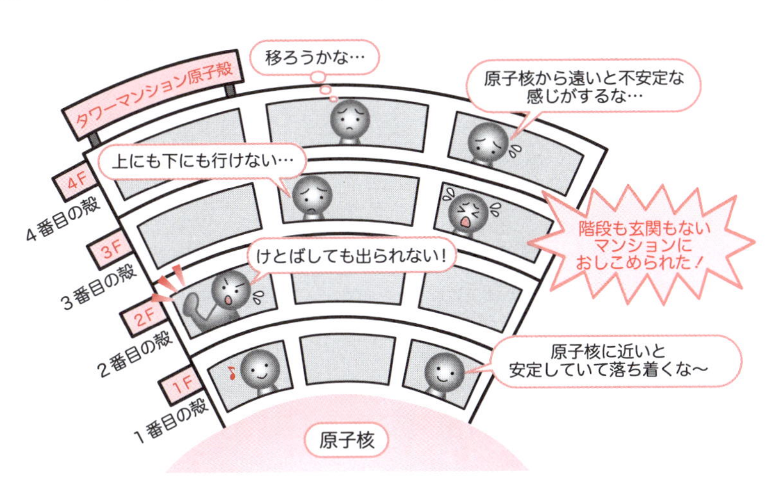

ルギー準位の低い1番目の殻には1s軌道一つのみが存在し，2番目の殻には2s軌道が一つと2p軌道が三つ，合計4個の軌道がある．3番目の殻には3s軌道が一つと，3p軌道が三つ，さらに3d軌道が五つあるので合計9個の軌道がある．図3-4にそれぞれの殻と，そこに存在する軌道を模式的に示す．ここで軌道の欄の横棒1本は軌道一つに対応する．軌道は原子核に近い(図の下方向)ほどエネルギー準位が低く，安定である．3番目の殻にある3d軌道と4番目の殻にある4s軌道の関係のように，殻のエネルギー準位の高低と軌道のエネルギー準位の高低が逆転しているものもある．

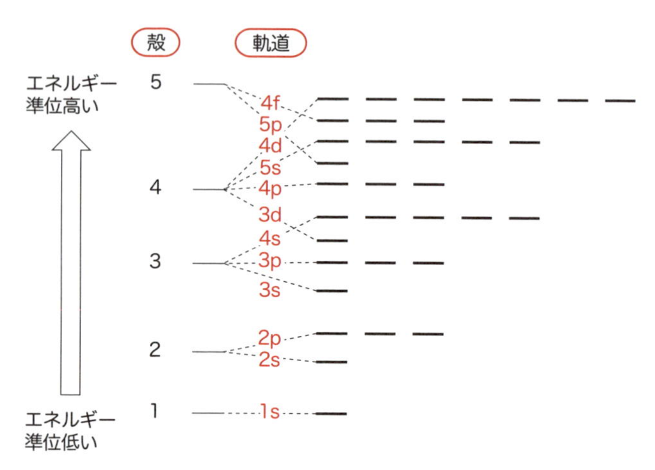

●図3-4　軌道の相対的エネルギー準位(5p軌道まで)

図3-4に示したそれぞれの殻と，それを構成する軌道の数を数えていくと，一定のルールがあることがわかる．1番目の殻には1個の軌道，2番目の殻には4個の軌道，3番目の殻には9個の軌道，4番目の殻には16個の軌道…となるので，まとめると，「n番目の殻にはn^2個軌道が存在する」といえる．軌道は電子が収容される部屋と考えられ，それぞれに電子は最大2個収容されるので，それぞれの殻に収容し得る電子の数は，1番目の殻から順に，2個，8個，18個，32個，…，$2n^2$個となる．これらの殻に電子が存在するのを外から眺めると，軌道のなかを電子が広くぼわっと分布しているというイメージがより正しいであろう．

さて，ここで軌道のかたちについてもう少し詳しく見てみよう．図3-4では，それぞれの軌道をエネルギー準位の違いに着目して模式的に横棒で表しているが，実際の軌道のかたちはそれぞれ異なる．たとえば2番目の殻のs軌道(2s軌道)一つとp軌道(2p軌道)三つ(それぞれ$2p_x$，$2p_y$，$2p_z$とよぶ)は，それぞれ図3-5のようなかたちをしている．軌道一つ一つが，それぞれ特有の「エネルギーの高さ(準位)」と「かたち」をもっていることは重要である．

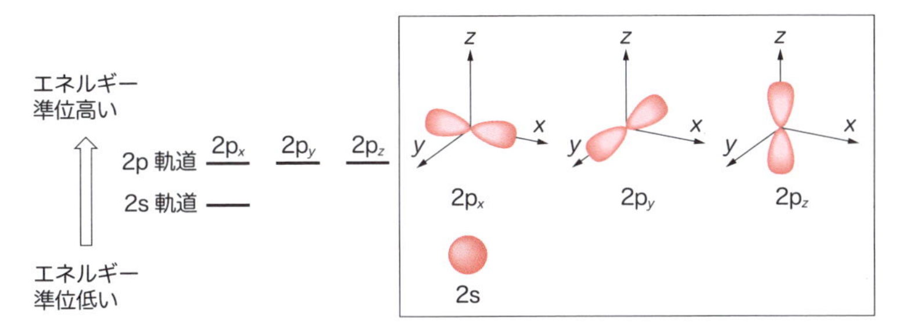

●図 3-5 2番目の殻の軌道のエネルギー準位とかたち

3.3 原子の電子配置

電子は軌道にどのように収容されるのだろう．ここでは，原子は電荷をもたない(陽子の数と電子の数が等しい)基底状態にあるとして考える．基底状態では，電子はそれぞれの軌道において，おもにⅰ）パウリの排他原理，ⅱ）フントの規則に従って存在する．

3.3.1 パウリの排他原理

地球が自転しているように電子も自転している．その自転の向きをスピンという．軌道に2個の電子が収容されるとき，それぞれの電子は互いに逆向きのスピンで収容される．これをパウリの排他原理という．電子はパウリの排他原理に従い，エネルギー準位の低いほうから，すなわち，1s，2s，2p，3s，3p，4s，3d，4p…の順に軌道へ収容される．これを模式的に表すために，図 3-6 と図 3-7 では軌道を箱で示した．この軌道(箱)には電子が最大2個入るので，電子を矢印(矢印の向きでスピンの向きを表す)で表して書き加える．たとえば，リチウム原子($_3$Li)では，電子は三つあり，それらの電子配置は軌道に存在する電子の数を軌道の右上に表記して $1s^2 2s^1$ のように表される(図 3-6)．

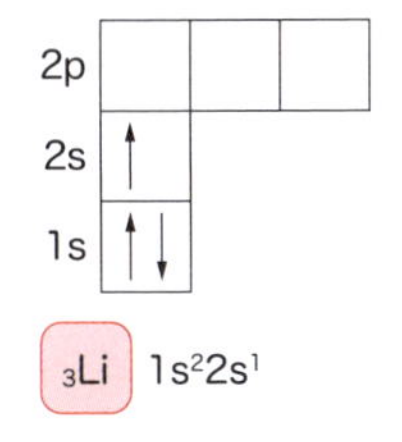

●図 3-6 基底状態のリチウム原子の電子配置の表し方
エネルギー準位の最も低い1s軌道にまず二つの電子が収容される．このとき，パウリの排他原理に従うため，スピンの向きは互いに逆向き(↑↓)に表される．軌道には最大二つまでしか電子が収容されないため，残る一つの電子はより高いエネルギー準位の2s軌道に収容される．

3.3.2 フントの規則

p 軌道のようにエネルギー準位の等しい複数の軌道(p_x, p_y, p_z)がある場合，まず，それらすべての軌道(p_x, p_y, p_z)に一つずつ電子がスピンの向きを同じにして収容される．これをフントの規則という．さらに電子を収容する場合は，それぞれの軌道に 2 個目の電子がスピンを逆にして(パウリの排他原理に従って)入っていく．窒素($_7N$)と酸素($_8O$)の例を図 3-7 に示す．

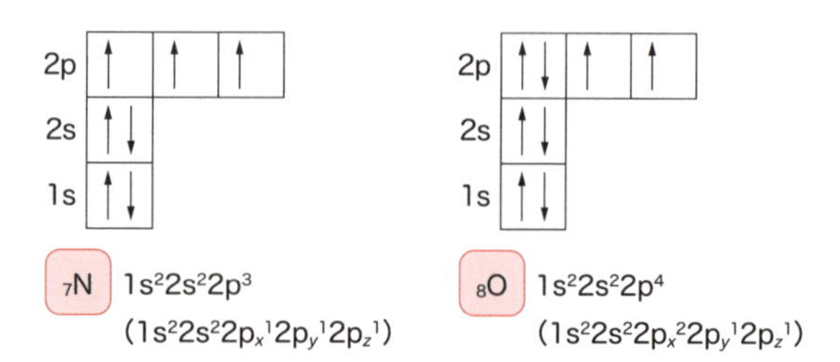

●図 3-7 基底状態の窒素原子および酸素原子の電子配置の表し方

窒素原子は 7 個の電子をもつので，まず，1s 軌道に二つの電子が収容され(パウリの排他原理に従ってスピンは互いに逆向きになっている)，1s 軌道は満たされる．そこで，次にエネルギー準位の高い 2s 軌道に二つの電子が同様に収容され，2s 軌道は満たされる．これで四つの電子が収容されたので，残り三つの電子はさらにエネルギー準位の高い 2p 軌道に収容されることになるが，2p 軌道は三つ(p_x, p_y, p_z)あるので，それぞれの軌道に一つずつ電子が収容される．次に，酸素原子の場合は 8 個の電子をもつので，窒素原子の電子配置に一つ電子を加えればよい．このとき，すでに 3 個の 2p 軌道にはそれぞれ一つずつ電子が収容されているので，最後の一つの電子はスピンを逆にして 2p 軌道に入り，対をつくる．

このような電子の入り方は，サラリーマンが昼休みに公園の二人掛ベンチでくつろぐ様子を想像すればわかりやすい．人数が少ないときはできるだけ一人で二人掛ベンチに座ろうとするが，人数が増えてくれば，仕方なく二人で座ることになる．それでも，できるだけお互いは素知らぬ顔でそっぽを向いて座るだろう．電子の気持ちもこのサラリーマンと同じである．

3.4 オクテット則

これまでに述べたように，原子は中心に原子核があり，そのまわりにある軌道に電子が存在して成り立っている．原子と原子が接触するときには一番外側にある最外殻の軌道の電子が相互作用することになる．したがって，最外殻にどのように電子が存在しているかはとても重要である．一般に，最外殻の軌道が電子で満たされるとその原子は安定化する．水素では，最外殻に２個の電子があれば軌道が満たされて安定化し，それ以外の多くの原子では，８個の電子があれば安定化する．これをオクテット則という．たとえば，図3-7 に示した基底状態の窒素原子では，最外殻は２番目の殻になるが，そこに存在する電子の数は５個なので，８個に満たない．したがって，窒素はオクテット則を満たさないので，窒素原子は単独では不安定である．そこで，窒素原子は，最外殻の軌道の電子を他の原子とやりとりしてオクテット則を満たそうとする．こうして原子が他の原子と結びついて安定に存在するようになったものを分子とよぶ．図 3-8(ａ)にアンモニア(NH_3)の分子の構造を示す．一方，ネオン($_{10}Ne$)では，最外殻(２番目の殻)に電子が８個あり，オクテット則を満たしているので安定化している〔図 3-8(ｂ)〕．ネオンのように，最外殻軌道が満たされている貴(希)ガス元素(18 族元素)は１原子でも安定に存在することができ，単原子分子とよばれる．

3.5 周 期 表

すでに述べたように，原子の種類を決めるのは原子核に存在する陽子の数である．この陽子の数をそのまま原子番号として，原子番号順に並べて表にしたものが周期表である(表 3-1)．周期表では基底状態の原子について，最もエネルギー準位の高い軌道に収容されている電子の数が同じものが縦に並ぶように配置されている．この縦の列を「族」といい，それぞれの族を周期

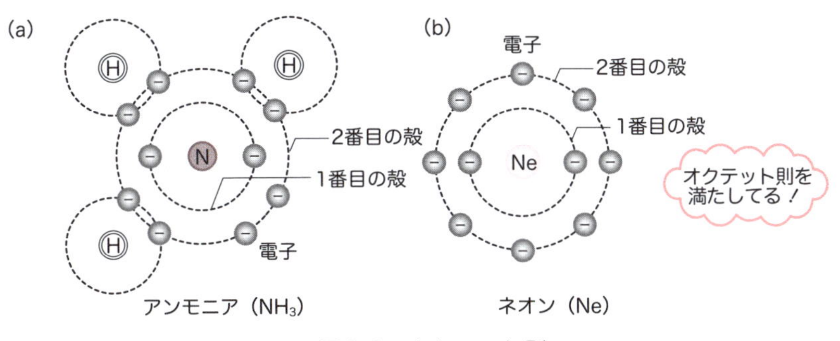

●図 3-8 オクテット則

表の左端から第 1 族，第 2 族，第 3 族～第 18 族とよぶ．それぞれの族は性質の似た元素の集まりであり，かなり古くからその族としての性質が注目されているものには，とくに名前もつけられている．たとえば，第 17 族はハロゲン，第 18 族は貴(希)ガスとよばれる．

一方，周期表の横の列を「周期」といい，電子が収容されている最も外側の殻(最外殻)の番号で表す．基底状態の炭素原子(C)では，電子が入っている最も外側の殻は 2 番目の殻なので，炭素は第 2 周期の元素となる．この第 2 周期の元素を左端から順に，電子配置を考えながら眺めていくと，2 番目の殻に収容される電子が一つずつ増えていくことがわかる．まず，原子番号が 3 のリチウム(Li)では，2s 軌道に電子が 1 個収容される．続いて原子番号 4 のベリリウム(Be)では 2s 軌道に電子がもう 1 個収容され，2s 軌道は満たされる．原子番号 5 のホウ素(B)では，2p 軌道にもう 1 個の電子が収容される．こうして次々と電子が 2p 軌道に入っていき，一番右端のネオンではすべての 2p 軌道に電子がめいっぱい収容されてオクテット則を満たしていることがわかる．

周期表を利用して元素の性質を考えてみよう．原子番号が 3 のリチウム(Li)は，第 2 周期の第 1 族の元素である．このことから，リチウムの陽子の数は 3，電子の数も 3 であり，2 番目の殻(最外殻)に 1 個の電子が収容されていることがわかる．もし，リチウムがこの最外殻の 1 個の電子を失うと，陽子の数が電子の数より 1 多くなるので正の電荷をもったイオン(カチオン，陽イオン)になる．このように陽子の数から電子の数を引いた値を電荷数といい，電荷数 1 を 1 価，電荷数 2 を 2 価とよび，正負の符号をつけて元素記号の右上に記す．ただし，+1 もしくは −1 の電荷数は，符号のみで数字を省略してもよい．リチウムイオン(Li^+)では，2 番目の殻には電子がなく，

●表 3-1 周期表

周期＼族	1	2	3	4	5	6	7	8	9	10	11	12	13	14	15	16	17	18
1	1 H $1s^1$ 2.1																	2 He $1s^2$ –
2	3 Li $2s^1$ 1.0	4 Be $2s^2$ 1.5											5 B $2p^1$ 2.0	6 C $2p^2$ 2.5	7 N $2p^3$ 3.0	8 O $2p^4$ 3.5	9 F $2p^5$ 4.0	10 Ne $2p^6$ –
3	11 Na $3s^1$ 0.9	12 Mg $3s^2$ 1.2											13 Al $3p^1$ 1.5	14 Si $3p^2$ 1.8	15 P $3p^3$ 2.1	16 S $3p^4$ 2.5	17 Cl $3p^5$ 3.0	18 Ar $3p^6$ –
4	19 K $4s^1$ 0.8	20 Ca $4s^2$ 1.0	21 Sc $3d^1$ 1.3	22 Ti $3d^2$ 1.5	23 V $3d^3$ 1.6	24 Cr $3d^5$ 1.6	25 Mn $3d^5$ 1.5	26 Fe $3d^6$ 1.8	27 Co $3d^7$ 1.8	28 Ni $3d^8$ 1.8	29 Cu $3d^{10}$ 1.9	30 Zn $3d^{10}$ 1.6	31 Ga $4p^1$ 1.6	32 Ge $4p^2$ 1.8	33 As $4p^3$ 2.0	34 Se $4p^4$ 2.4	35 Br $4p^5$ 2.8	36 Kr $4p^6$ –
5	37 Rb $5s^1$ 0.8	38 Sr $5s^2$ 1.0	39 Y $4d^1$ 1.2	40 Zr $4d^2$ 1.4	41 Nb $4d^4$ 1.6	42 Mo $4d^5$ 1.8	43 Tc $4d^5$ 1.9	44 Ru $4d^7$ 2.2	45 Rh $4d^8$ 2.2	46 Pd $4d^{10}$ 2.2	47 Ag $4d^{10}$ 1.9	48 Cd $4d^{10}$ 1.7	49 In $5p^1$ 1.7	50 Sn $5p^2$ 1.8	51 Sb $5p^3$ 1.9	52 Te $5p^4$ 2.1	53 I $5p^5$ 2.5	54 Xe $5p^6$ –
	アルカリ金属	アルカリ土類金属															ハロゲン	貴ガス

(例)
1 ― 原子番号
H ― 元素記号
$1s^1$ ― 最もエネルギー順位の高い副殻(軌道)と収容されている電子数
2.1 ― 電気陰性度(ポーリングの値)

(色)
着色 ― 典型元素
白 ― 遷移元素

一つ下の1番目の殻が2個の電子で満たされた最外殻として表れる．これは，オクテット則を満たした状態となる．

一般に，イオンになって電荷をもつことはエネルギー的には不利であるが，これを上回る安定化要因があれば，ある程度安定にイオンとして存在できる．その安定化要因とは「オクテット則を満たすこと」である．リチウムのような第1族の原子は，最外殻の電子を1個放出することにより一つ内側の殻が最外殻となり，オクテット則を満たした状態になる．したがって，第1族の原子は1価のカチオンになりやすい．同様に第2族の原子は最外殻の2個の電子を放出して2価のカチオンになりやすい．基底状態にある気体状の原子から電子1個を奪って正の電荷をもったイオンにするために必要なエネルギーをイオン化エネルギーという．第1族や第2族の元素のようにカチオンになりやすい元素はイオン化エネルギーが小さい．

一方，フッ素のような第17族(ハロゲン)の原子は，最外殻に7個の電子をもつので，あと1個電子を外から受け入れれば，最外殻を満たした状態になる．したがって，第17族(ハロゲン)の原子は負の電荷をもった1価のイオン(アニオン，陰イオン)になりやすい．同様に第16族の原子は最外殻に2個の電子を受け入れて2価のアニオンになりやすい．原子が1個の電子を受け取って負の電荷をもったイオンになる際に放出されるエネルギーを電子親和力という．第17族(ハロゲン)のようにアニオンになりやすい元素は電子親和力が大きい．

周期表からはそれぞれの元素の電気陰性度についても知ることができる．電気陰性度は，原子が電子を引きつける力の強さを相対的に表したものである．電気陰性度が大きいほど電子を引きつける力が強い．同じ周期の元素では，周期表の右に行くほど電気陰性度が大きくなる．また，同じ族の元素では，周期表の上に行くほど電気陰性度が大きくなる．なお，第18族〔貴(希)ガス〕では電気陰性度が定義されていないので，最も電気陰性度の大きな元素はフッ素になる．

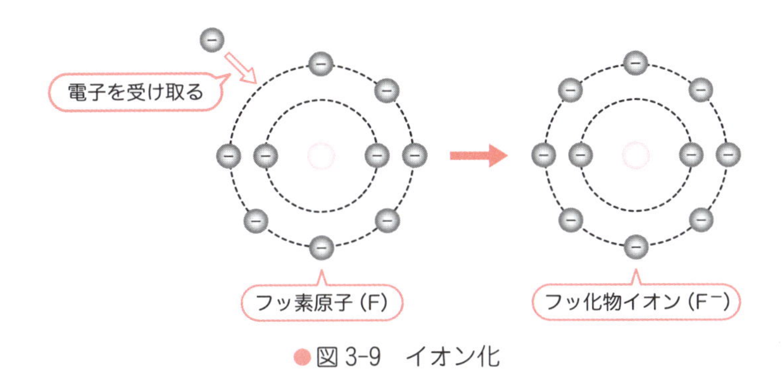

●図3-9　イオン化

周期表はそれぞれの元素についてさまざまな情報が詰まった宝庫である．大切にしよう．

3.6 化学結合

私たちの身のまわりにある化合物のほとんどは，原子と原子が化学結合を形成して分子として存在している．化学結合には共有結合とイオン結合がある．共有結合もイオン結合もオクテット則を満たす必要がある．また，分子どうしにも互いに相互作用して生じる分子間力が働いている．

3.6.1 共有結合

すでに述べたように，最外殻が電子で満たされていない(オクテット則を満たしていない)原子は不安定なので，別の原子と互いの電子をもちあう(共有する)ことによって最外殻に電子を満たして安定化しようとする．これが共有結合である(図 3-10)．たとえば，水素原子は，最外殻に電子が 1 個収容されているので，もう 1 個電子があればオクテット則を満たして安定化する(水素の場合は，最外殻に 2 個の電子があればオクテット則を満たす)．このような水素原子が 2 個互いに結びつき，互いの電子を共有しあって結合をつくる．こうして水素原子 2 個が共有結合し，新たに水素分子となる．ほとんどの有機化合物は共有結合によって成り立っている．

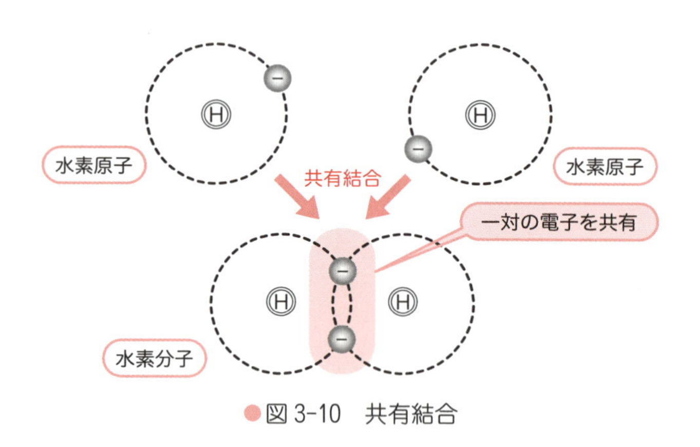

●図 3-10　共有結合

3.6.2 イオン結合

イオン結合は，正の電荷をもっているイオン(カチオン)と負の電荷をもっているイオン(アニオン)が電気的に互いに引きあってできる結合である(図 3-11)．このようなカチオンとアニオンのあいだに生じる静電的な相互作用をクーロン力という．たとえば，塩化ナトリウムは，Na^+ と Cl^- がそれぞれカチオンとアニオンとしてイオン結合を形成して安定化している．

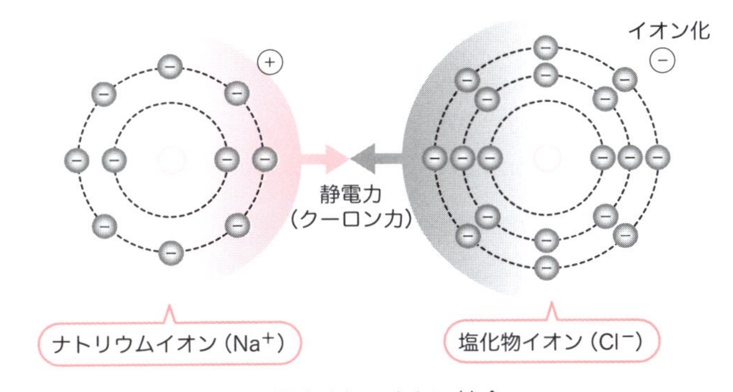

●図 3-11　イオン結合
ナトリウムイオン(Na^+)はナトリウム原子(Na)から 1 個電子が失われている.
一方, 塩化物イオン(Cl^-)は塩素原子(Cl)が 1 個電子を受け取っている.

3.6.3 共有結合とイオン結合の違い

二つの原子が結合するとき, 共有結合になるか, イオン結合になるか, その違いは電気陰性度(p. 25 参照)の差によって決まる. 結合している二つの原子の電気陰性度の差が 1.9 以上になるとその結合はイオン結合であり, 1.9 に満たない場合は共有結合と考えられる. 先に述べた塩化ナトリウムでは, ナトリウムの電気陰性度(0.9)と塩素の電気陰性度(3.0)の差は 2.1 であり, 1.9 より大きいのでイオン結合になる.

一方, 共有結合であっても, 電気陰性度の差が比較的大きい(0.5 以上 1.9 未満)場合は電気陰性度の大きい原子がより強く電子を引っ張るので, 部分的な電荷が生じる. このような共有結合を極性共有結合とよぶ(図 3-12). もちろん, これは完全にイオンの状態(+と−)になっているわけではなく, 共有結合の電子に偏りが生じている程度である. このような共有結合における電子の偏った状態を分極といい, 電気陰性度が大きく, 電子を引きつけて部分的に負の電荷を帯びている原子に $\delta-$(デルタマイナス)をつけて示す. 逆に電気陰性度が小さく, 電子を引っ張られて部分的に正の電荷を帯びている原子を $\delta+$(デルタプラス)をつけて示す.

たとえば, 塩化水素(HCl)では, 水素の電気陰性度(2.1)と塩素の電気陰性度(3.0)の差は 0.9 であり, 共有結合の電子は塩素側に偏った極性共有結合

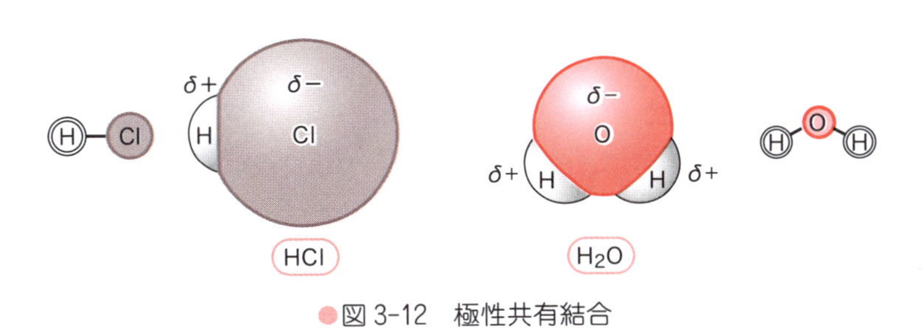

●図 3-12　極性共有結合

となる．水(H_2O)の酸素と水素の結合も極性共有結合であり，電気陰性度の大きい酸素が$\delta-$，電気陰性度の小さい水素が$\delta+$を帯びている．さらに電気陰性度の差が小さくなると(0.5 未満)，共有結合における電子の偏りはとても小さくなり，非極性共有結合になる．たとえば，メタン(CH_4)の炭素と水素の結合は非極性共有結合である．

このように，イオン結合と共有結合は結合している二つの原子のあいだの電気陰性度の差を基準にして考えられているものであり，結合における電子の偏り(分極)の程度の違いで区別しているにすぎないのである．

3.6.4 分子間の相互作用

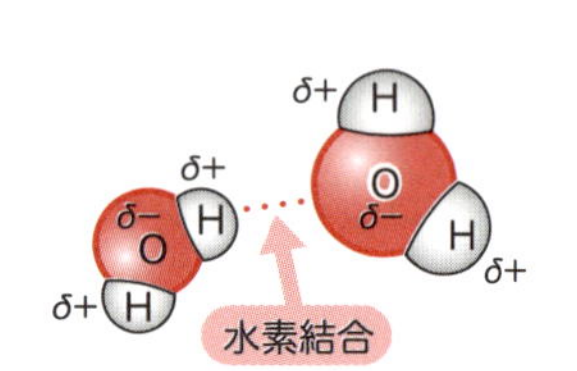

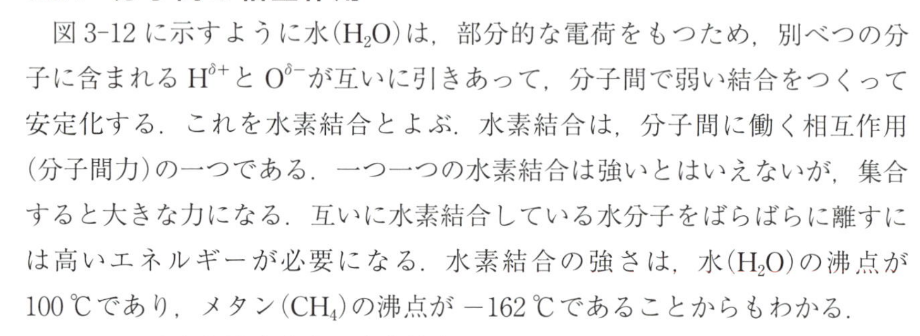

図 3-12 に示すように水(H_2O)は，部分的な電荷をもつため，別べつの分子に含まれる$H^{\delta+}$と$O^{\delta-}$が互いに引きあって，分子間で弱い結合をつくって安定化する．これを水素結合とよぶ．水素結合は，分子間に働く相互作用(分子間力)の一つである．一つ一つの水素結合は強いとはいえないが，集合すると大きな力になる．互いに水素結合している水分子をばらばらに離すには高いエネルギーが必要になる．水素結合の強さは，水(H_2O)の沸点が 100 ℃であり，メタン(CH_4)の沸点が －162 ℃であることからもわかる．

メタンのような炭化水素に水素結合は働かないが，代わりにファンデルワールス力[*2]が作用する．ファンデルワールス力によって，分子は緩やかに結びつく．ファンデルワールス力は分子どうしが接触する面積が大きいほど大きくなるので，同じ炭素の数であれば，炭素が直線状に並んだ炭化水素のほうが，枝分かれしている炭化水素よりファンデルワールス力が強くなり，分子をばらばらに離すためのエネルギーがより必要になるので，沸点が高くなる．たとえば，直線状のブタンの沸点は －0.5 ℃であるが，枝分かれしたブタンであるイソブタンの沸点は －12 ℃である．

＊2 たとえばメタンのような分子では，それ自身では電子のかたよりはほとんどないが，電子が動き回っているために瞬間的な電子のかたより($\delta-$ と $\delta+$)が生じて，分子間で引っ張りあう．これをファンデルワールス力という．

3.7 構 造 式

有機化合物の多くは共有結合で成り立っている．有機化合物の共有結合をわかりやすく示すのに電子を点で表す方法(ルイス構造式)と線で表す方法〔ケクレ構造(線結合構造)式〕がある．

3.7.1 ルイス構造式

共有結合を表すためには，それぞれの原子の最外殻に収容された電子(価電子)のあり方がわかりやすく示されることが重要である．ルイス構造式(電子式ともいう)では，価電子一つを点「・」で表す．たとえば，窒素は最外殻に電子が 5 個収容されている．そのうちの 2 個は 2s 軌道に収容されているので，これをルイス構造式で二つの点の並びとして示す．一方，2p 軌道には 1 個ずつ電子が収容されているので，それぞれ一つずつの点として示す(図 3-13)．このように，ルイス構造式では，最外殻に含まれる軌道の種類やエネルギー準位にかかわりなく，それぞれの軌道に含まれる価電子を点で表示する．

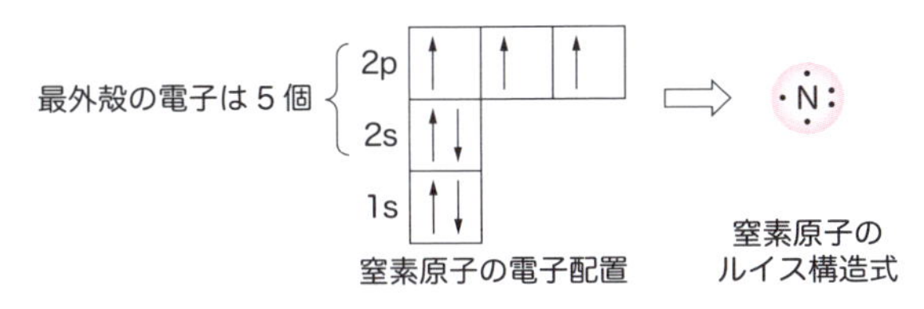

●図 3-13　窒素原子の電子配置とルイス構造式

ルイス構造式は，最外殻に収容される電子の数を示すので，最も多く電子が収容されると，ネオンのように，8 個の点が 2 個ずつの対(電子対)になって 4 対示されることになる．これがオクテット則を満たした状態である(図 3-14)．原子が共有結合するときは，最外殻に収容されている互いの電子をもちあってそれぞれの原子についてオクテット則を満たそうとする．

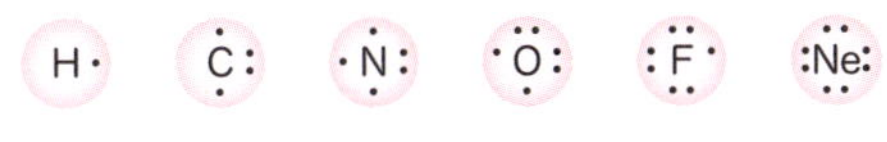

●図 3-14　原子のルイス構造式

では，ルイス構造式を使って水(H_2O)の構造を表してみよう．水(H_2O)は酸素原子一つと水素原子二つから成り立つ．これらの原子がそれぞれ最外殻の電子をもちあってオクテット則を満たすにはどうすればよいだろう．水素はあと 1 個電子が収容されればオクテット則を満たす．一方，酸素はあと 2 個電子が収容されればオクテット則を満たす(図 3-15)．そこで，酸素の両側に水素が結合して，互いの価電子をもちあう構造をつくり，水分子となる．

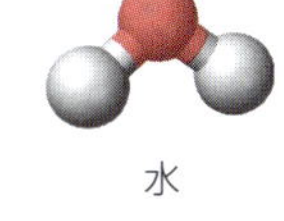

水分子のルイス構造式によれば，水素は 2 個の最外殻電子をもち，酸素は

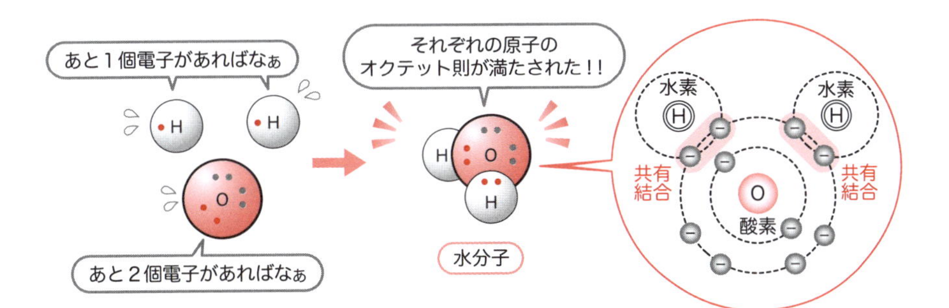

●図 3-15　水分子のなりたち

8個の最外殻電子をもつので，オクテット則を満たしていることがわかる．原子と原子の共有結合のあいだで互いにもちあっている電子対を共有電子対とよび，もともとそれぞれの原子がもっていて，結合に使われていない電子対を非共有電子対とよぶ．ルイス構造式は，すべての価電子を点で表すので手間がかかるかもしれないが，共有結合を形成している有機化合物のもつ最外殻電子のなりたちがわかりやすく示されているので便利である．

3.7.2 ケクレ構造(線結合構造)式

ケクレ構造(線結合構造)式では，原子と原子の共有結合を原子のあいだに引いた線で表す．一般に，化学構造を示す方法としては，ケクレ構造式のほうが汎用される．ケクレ構造式はルイス構造式を元にして書くとよい．

エチレン(C_2H_2)の構造式をルイス構造式とケクレ構造式でそれぞれ図3-16に記す．一番右に示したのは分子模型である．

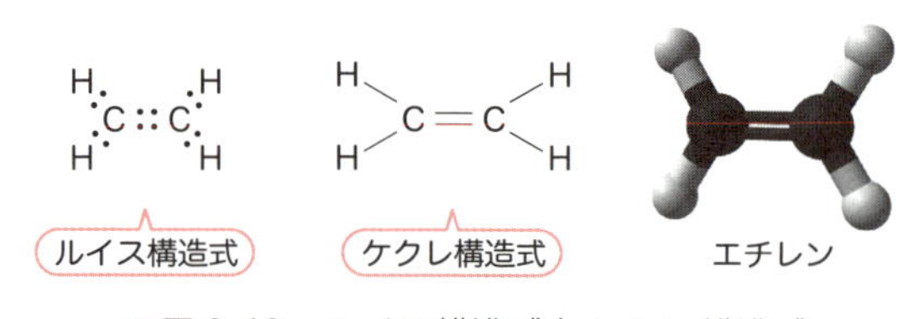

●図3-16 ルイス構造式とケクレ構造式

章末問題

(1) 次の元素(a)〜(d)の中性子数を記せ．
(a) ^{18}F (b) ^{123}I (c) ^{90}Y (d) ^{111}In

(2) 次の元素(a)〜(d)の基底状態における電子配置を記せ．
(a) B (b) C (c) Li^+ (d) F^-

(3) 次の分子(a)〜(d)をルイス構造式で記せ．
(a) メタン (b) アセチレン
(c) エタノール (d) アセトアルデヒド

Chapter 4 有機化合物のなりたちと基本骨格

4.1 分子のかたち

ルイス構造式やケクレ構造式は紙面に書かれた構造であり，実際の分子のかたちを知るには十分ではない．化学構造式をもとにして実際の分子のかたちをイメージできるようになろう．すでに学んだように，分子を形成している原子の価電子は他の原子との結合に用いられて結合電子対になったり，そのまま使われずに残って非共有電子対として存在したりしている．分子を外から眺めると，このような電子対が分布しているぼわっとしたかたまりが見えるはずである．この価電子の分布は，電子対を形成しているところでは密度が高くなる．分子のなかに電子の分布密度が高い領域が複数できたときは，それぞれが電子的に反発するので，互いに最も遠い位置に配置される．電子対は負の電荷をもっているので，ちょうどマイナスとマイナスが反発するようなイメージをもてばよい．

たとえば，メタン(CH_4)分子では，炭素原子と水素原子のあいだの結合をつくる共有電子対が四つ存在する．この四つの電子対はそれぞれが電子密度の高い領域をつくっているので，互いになるべく遠くへ離れようとする．その結果，メタン(CH_4)分子は炭素原子を重心として四つの水素が正四面体の頂点に位置するような配置（正四面体構造）をとり，H－C－H の結合角はすべて 109.5° である（図 4-1）．

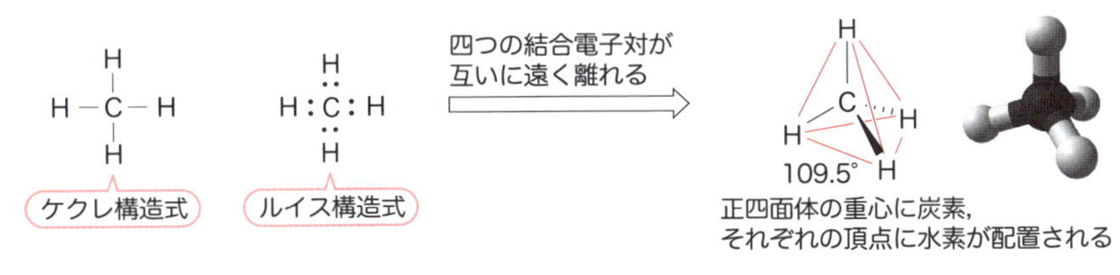

図 4-1　メタンの立体構造

次に水(H_2O)分子について考えてみよう．図 4-2 のように水分子には酸素原子と水素原子のあいだの結合をつくる共有電子対が二つと，非共有電子対が二つある．共有電子対だけでなく，非共有電子対も電子密度の高い領域になるので，メタンと同様に四つの電子対が酸素を重心として四面体の頂点方向に向く．ただし，この場合，非共有電子対は共有電子対に比べ酸素原子に引きつけられている程度が大きく，その結果二つの非共有電子対どうしのほうがより強く反発するので，その影響を受けて H－O－H の結合角は 104.5°になる．

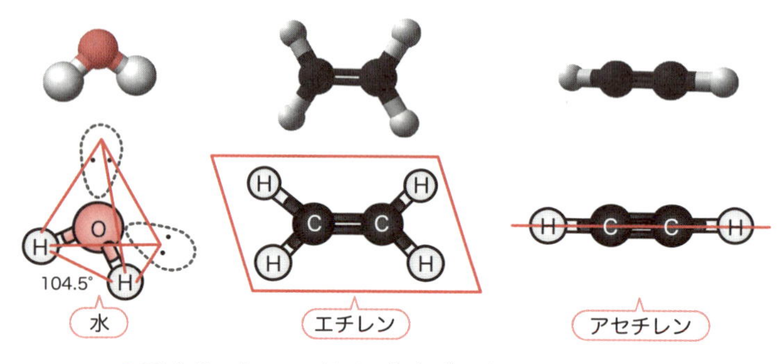

●図 4-2　水，エチレンおよびアセチレンのかたち

さらに，二重結合や三重結合をもつ化合物のかたちを考えよう．たとえば，エチレン(C_2H_4)分子の炭素には，炭素原子と水素原子のあいだの結合をつくる共有電子対が二つと，もう一つの炭素とのあいだの二重結合の電子対がある．これら三つの電子密度の高い領域は，互いに最も離れようとして，炭素から平面上の三方向，すなわち，三角形の頂点方向に向かう．アセチレン(C_2H_2)分子の場合は，炭素原子と水素原子のあいだの結合をつくる共有電子対一つと，もう一つの炭素とのあいだの三重結合の電子対がある．これら二つの電子密度の高い領域が互いに最も遠く離れるのは互いに正反対の方向，すなわち直線上に存在する場合である．このように，分子のかたちは結合電子対や非共有電子対ができるだけ離れるようにして決まっていく．

4.2　分子の極性

3.6.3 項で学んだように，電気陰性度の異なる原子と原子の結合では，分極が生じる．一つ一つの結合に生じた分極や，それぞれの原子がもつ非共有電子対がすべて足しあわさって，分子全体の極性が生じる．極性は，物質の融点や沸点だけでなく，水への溶けやすさなど，さまざまな性質を決める要因である．有機化学では，分子の極性を重要視する．

分子の極性を見積もるには，それぞれの結合について電気陰性度が小さい原子から大きい原子に向かって分極を表す矢印(+⟶)を書く．また，非共有電子対をもつ原子では，その原子から非共有電子対の方向に矢印を書く．最後にこれらの矢印をベクトルのように足しあわせれば分子全体の極性が明らかになる．極性を見積もるために，先に述べた分子の立体構造が電子対どうしの反発によって決まっていることを理解しよう．また，結合電子対や非結合電子対がどちらに向いているのかを考え，それぞれの結合について電気陰性度の大小をもとにして，電子の偏りを見極めることも必要である(表 3-1 参照)．

では，水について極性を見積もってみよう(図 4-3)．

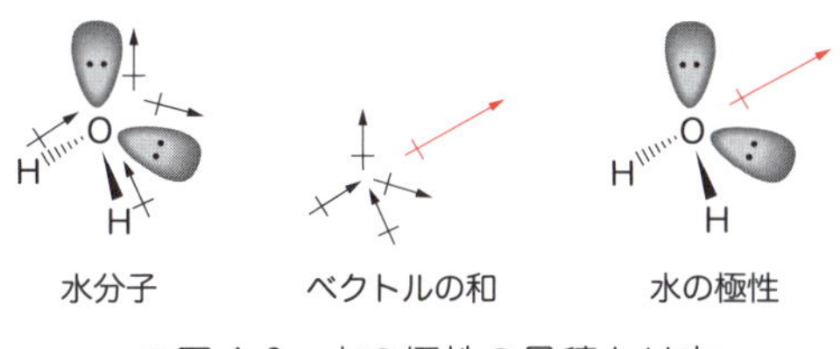

●図 4-3　水の極性の見積もり方
色のついた矢印は足しあわせたベクトルである．

水の酸素と水素の結合は極性共有結合である．酸素と水素の電気陰性度を比べると，酸素のほうが電気陰性度は大きいので，矢印を水素から酸素に向かって書く．さらに，酸素のもつ2組の非共有電子対についても酸素から電子対の向きに矢印を書く．こうしてできた四つの矢印をベクトルと考えて和すると，水分子全体の極性を見積もることができる．このようにして水は極性分子であることがわかる．水に溶けやすい物質は水と同じように極性分子である．このことは，「同じもの(極性分子)は同じもの(極性分子)を溶かす」と理解すればよい．一方，メタン(CH_4)分子は，C−H 結合そのものには極性があるものの，ベクトルの和が分子全体で打ち消しあうので極性がない．したがって，極性分子である水には溶けにくい(図 4-4)．このように，物質が水に溶けやすい(水溶性)か，溶けにくい(脂溶性)かという性質は，分子の極性によるものである．

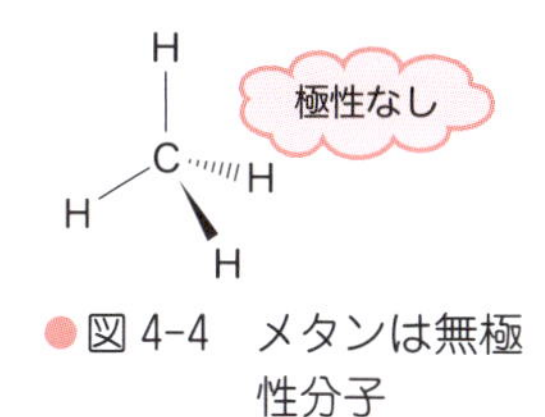

●図 4-4　メタンは無極性分子

4.3　分子の立体構造と電子のあり方

すでに原子の電子配置について 3.3 節で学んだ．結合が原子と原子のあいだに形成され，分子ができるとき，原子のもつ軌道が大きく変わる．炭素が単結合してできる分子，二重結合してできる分子，三重結合してできる分子について考える．

4.3.1 単結合してできる分子

基底状態の炭素原子には電子が 6 個ある．これらの電子は，まず 1s 軌道に 2 個，2s 軌道に 2 個収容される(図 4-5)．残る 2 個の電子は，フントの規則に従って，2p 軌道の $2p_x$ と $2p_y$ に 1 個ずつ収容される．この場合，1s 軌道と 2s 軌道は，すでに電子で満たされているため，新たな電子を収容することができない．2p 軌道にはまだ空いている軌道があり，$2p_x$ 軌道と $2p_y$ 軌道には電子を 1 個ずつ収容できるのに対して，$2p_z$ 軌道には，電子を 2 個収容することができる．

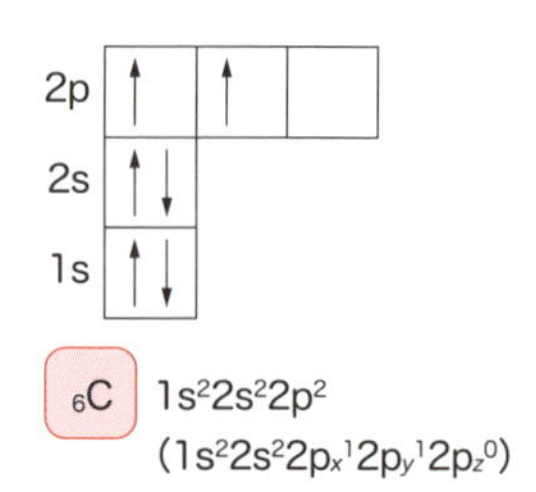

● 図 4-5 基底状態の炭素原子の電子配置

炭素原子が新たな結合をつくって分子になろうとするとき，このような 2p 軌道における不均等な電子配置が問題になる．たとえば，メタン(CH_4)分子は，炭素を中心にして四つの水素が均等な結合(等価な結合)をしてできている．炭素原子がメタン分子になるためには水素とのあいだに四つの等価な結合をつくらねばならないが，炭素原子の電子配置が均等ではないので，このままの状態では，等価な結合をつくることができない．そこで，2s 軌道一つと 2p 軌道三つを混成し，新たに四つの等価な混成軌道をつくりだす．この混成軌道は，s 軌道一つと p 軌道三つを再編成してできたので，sp^3 混成軌道とよばれる(図 4-6)．sp^3 混成軌道のエネルギー準位は，もとの 2s 軌道と 2p 軌道のあいだにあり，2s 軌道と 2p 軌道に収容されていた四つの電子が 1 個ずつ収容される．

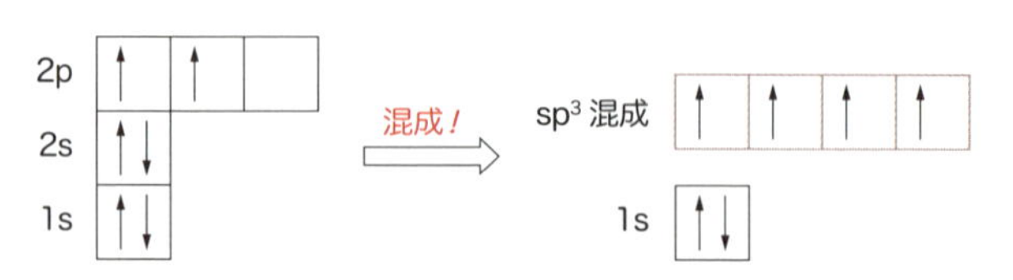

● 図 4-6 sp^3 混成軌道の形成
四つの sp^3 混成軌道それぞれには，あと 1 個ずつ電子を収容することが可能になり，水素原子と等価な結合ができるようになることが重要．

sp^3 混成軌道一つ一つのかたちは，大きなしずくと小さなしずくをあわせたようであり，炭素に生じる四つの sp^3 混成軌道は，それぞれが互いに等しく離れる方向に配置されるので，大きなしずくの先がちょうど正四面体の頂点に向かうようになる(図 4-7)．この四つの sp^3 混成軌道には炭素がもっていた四つの電子が 1 個ずつ収容されているが，さらに 1 個ずつ電子を収容できるので，水素原子は，自身の s 軌道を炭素の sp^3 混成軌道に真正面から重ねていって，σ 結合とよばれる強固な結合を形成する．こうして四つの水素から一つずつ，合計で 4 個の電子を収容することによって四つの均等な結合が形成され，メタン(CH_4)分子ができあがる．

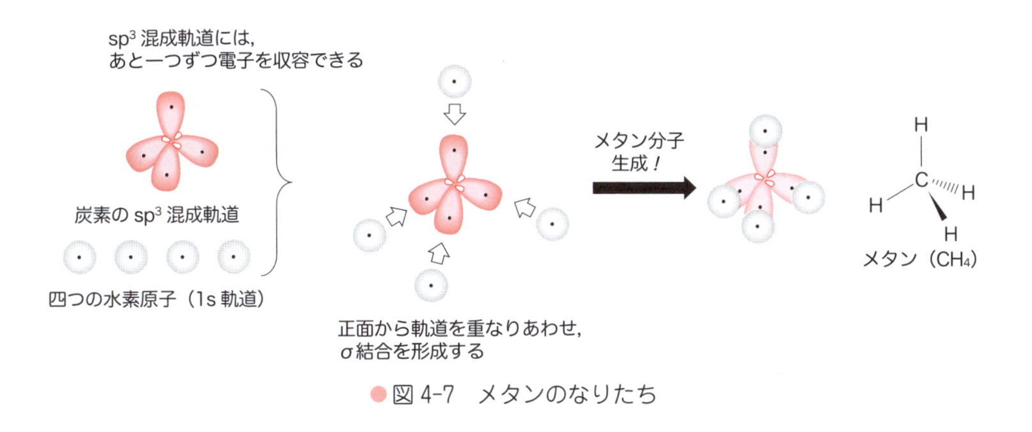

図 4-7　メタンのなりたち

4.3.2 二重結合してできる分子と三重結合してできる分子

次に炭素が多重結合するときの電子配置を考える．エチレン(C_2H_4)は，炭素-炭素二重結合と炭素-水素単結合からできている．このような結合を形成するために，炭素原子の 2s 軌道 1 つと 2p 軌道二つを混成し，新たに三つの等価な混成軌道をつくりだす(図 4-8)．この混成軌道は，s 軌道一つと p 軌道二つを再編成してできたので，sp^2 混成軌道とよばれる．このとき，混成軌道をつくるために用いられなかった $2p_z$ 軌道はそのまま居残ることになる．三つの sp^2 混成軌道には，2s 軌道と 2p 軌道に収容されていた 4 個の電子のうちの 3 個が 1 個ずつ収容され，居残った $2p_z$ 軌道に 1 個の電子が収容される．

三つの sp^2 混成軌道は，それぞれが互いに等しく離れる方向に配置されるので，炭素原子を中心にして大きなしずくの先がちょうど平面状の正三角形

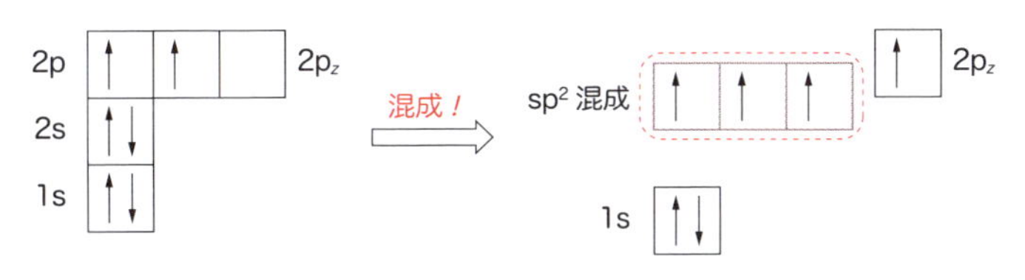

図 4-8　sp^2 混成軌道の形成

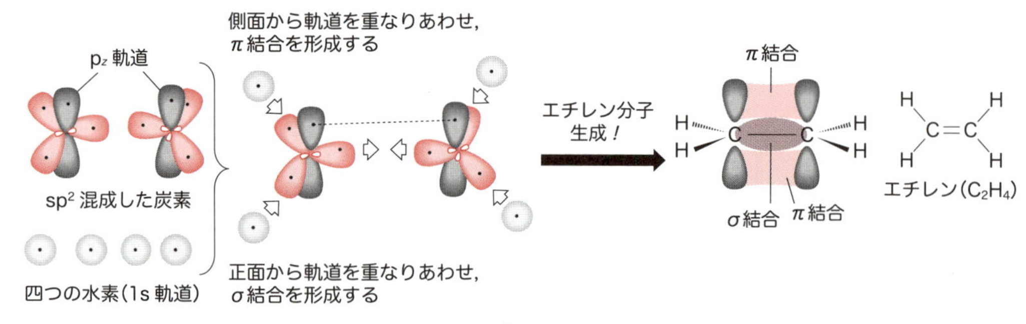

●図 4-9　sp^2 混成軌道の形成

の頂点に向かうようになり，p_z 軌道は正三角形のつくる平面に対して垂直方向に突き出ることになる．エチレン（C_2H_4）分子になるためには，このような sp^2 混成した二つの炭素原子が互いの sp^2 混成軌道の一つを正面から重ねて σ 結合を形成する（図 4-9）．炭素-水素単結合は，メタンと同様に，水素原子四つが s 軌道を真正面から sp^2 混成軌道に重ねていって σ 結合を四つ形成する．

このとき，それぞれの p_z 軌道が互いに側面で重なりあうので，ここにも結合が形成される．このような結合を π 結合という．こうして炭素-炭素二重結合が σ 結合一つと π 結合一つによって形成される．

σ 結合と π 結合は，結合の強さが異なることに注意すべきである．σ 結合は，正面から向きあって握手をしているイメージで，とても強く切れにくい結合といえる．また，この σ 結合（単結合）は，結合軸に沿って回転可能であるので，5.2 節以降に示す配座異性体が生じる．これに対し，π 結合は p_z 軌道が側面にわたって重なっており，π 結合を含む二重結合では，結合軸を回転させることができない．そのため，二重結合をもつ化合物にはシス-トランス異性体*が生じる．

* アルケンにはシス形とトランス形の異性体がある．

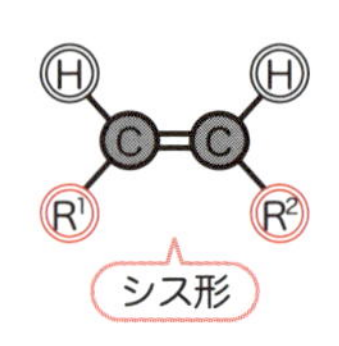

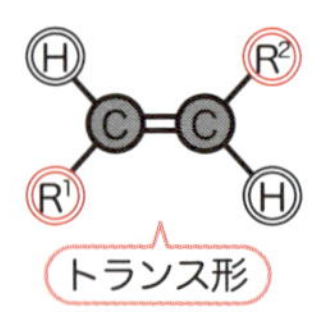

続いて炭素が三重結合するときの電子配置を考える．アセチレン（C_2H_2）は，炭素-炭素三重結合と炭素-水素単結合からできている．このような結合を形成するために，これまでと同様に混成軌道をつくる必要がある．すなわち，炭素原子の 2s 軌道一つと 2p 軌道一つを混成し，新たに二つの等価な sp 混成軌道をつくりだす（図 4-10）．このとき，混成軌道をつくるために用いられなかった $2p_y$ 軌道と $2p_z$ 軌道はそのまま居残ることになる．

二つの sp 混成軌道には，2s 軌道と 2p 軌道に収容されていた 4 個の電子のうちの 2 個が 1 個ずつ収容され，居残った $2p_y$ 軌道と $2p_z$ 軌道に残りの 2 個の電子が 1 個ずつ収容される．これらの sp 混成軌道は，それぞれが互いに等しく離れる方向に配置されるので，炭素原子を中心にして大きなしずくの先が互いに正反対の直線状になり，これを x 軸とすると，p_y 軌道および p_z 軌道は y 軸および z 軸の方向に向く．

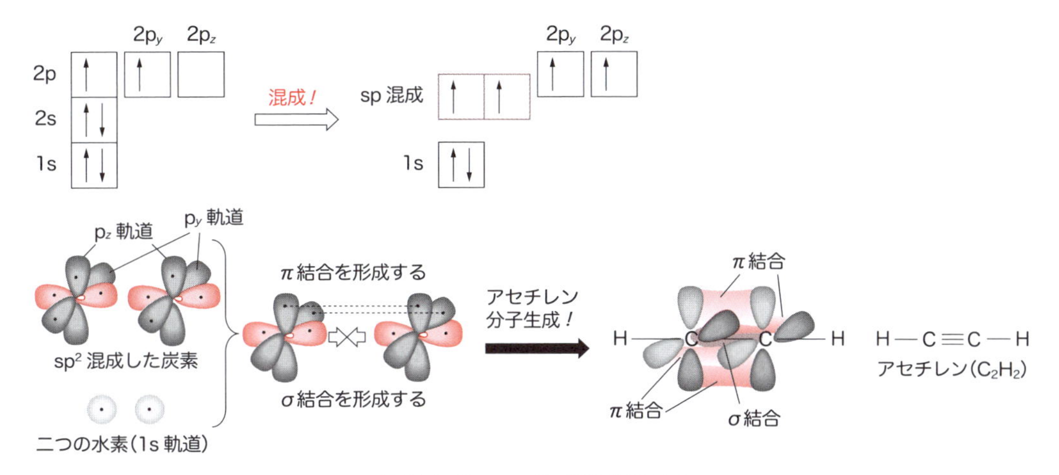

●図 4-10　sp 混成軌道の形成

アセチレン(C_2H_2)分子になるためには，このような sp 混成した二つの炭素原子が互いの sp 混成軌道の一つを正面から重ねて σ 結合を形成する．すると，それぞれの p_y 軌道および p_z 軌道が互いに側面で重なりあうので，それぞれ π 結合が形成される．こうして炭素-炭素三重結合が σ 結合一つと π 結合二つによって形成される．炭素-水素単結合は，メタンやエチレンと同様に，水素原子二つが s 軌道を真正面から sp 混成軌道に重ねていって σ 結合を二つ形成する．

4.4　飽和炭化水素

炭素と水素のみで成り立っている化合物を炭化水素といい，そのなかで単結合だけのものは飽和炭化水素，二重結合や三重結合のような多重結合が含まれるものは不飽和炭化水素とよばれる．はじめに飽和炭化水素について見てみよう．

飽和炭化水素は，アルカン(alkane)とまとめてよぶこともある．炭素が 1 個のアルカンは，メタン(methane)である．以下，炭素の数が 2 ～10 個までのアルカンを，エタン(ethane)，プロパン(propane)，ブタン(butane)，ペンタン(pentane)，ヘキサン(hexane)，ヘプタン(heptane)，オクタン(octane)，ノナン(nonane)，デカン(decane)とよぶ．これらの分子式は，一般式で C_nH_{2n+2}(n は自然数)で表される．

アルカンは，天然ガスや石油から得られる．アルカンの融点や沸点は，炭素原子数が多くなるほど高くなる．炭素数が少ない(炭素数 1 ～ 4)アルカンは，室温で気体である．プロパンガスとして知られているプロパン(C_3H_8)は，石油を精製する際の副産物として得られている．また，アルカンの密度は，水の密度(1 g/cm^3)より小さいので，水よりも軽い．炭素と水素のみが単結

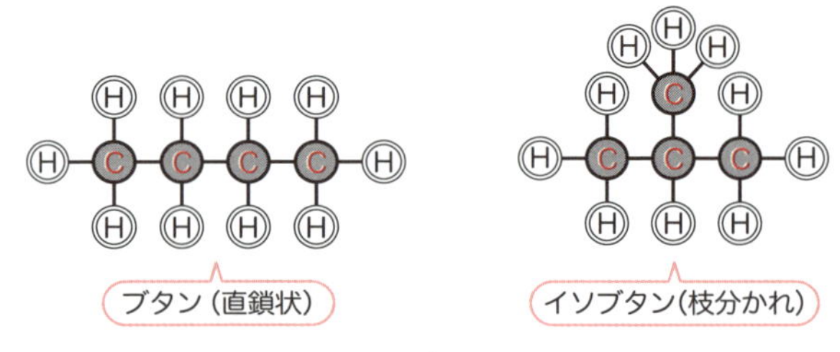

●図 4-11　ブタンの異性体

合しているアルカン分子は極性がとても小さいので，極性の高い溶媒(たとえば水)にはほとんど溶けない．したがって，室温で液体のアルカン(炭素数5～17 程度)を水と混ぜて静置すると二層に分かれ，上層がアルカンで下層が水になる．

炭素数が 4 以上のアルカンには，分子式が同じでも構造が異なる異性体が存在する．たとえば，ブタン(butane)には，直鎖状のブタンだけでなく，炭素が枝分かれしたイソブタン(isobutane)も異性体として存在する(図 4-11)．

炭素の数が大きくなると，存在する異性体の数は急激に増大する．たとえば，炭素数が 10 のデカンには 75 個の異性体が存在する．

4.5 不飽和炭化水素

炭素-炭素結合が二重結合，三重結合である炭化水素は，不飽和炭化水素である．二重結合をもつものはアルケン(alkene)，三重結合をもつものはアルキン(alkyne)とよばれる．炭素数が 2 個のアルケンとアルキンはそれぞれエチレン(ethylene)，アセチレン(acetylene)とよばれるが，それ以外のアルケンやアルキンは，飽和炭化水素であるアルカンの名前を元にしている(図 4-12)．

たとえば，炭素数 4 のアルカンであるブタン(butane)の炭素-炭素結合に二重結合があると，末尾の ane を ene に変えてブテン(butene)とよぶ．二重

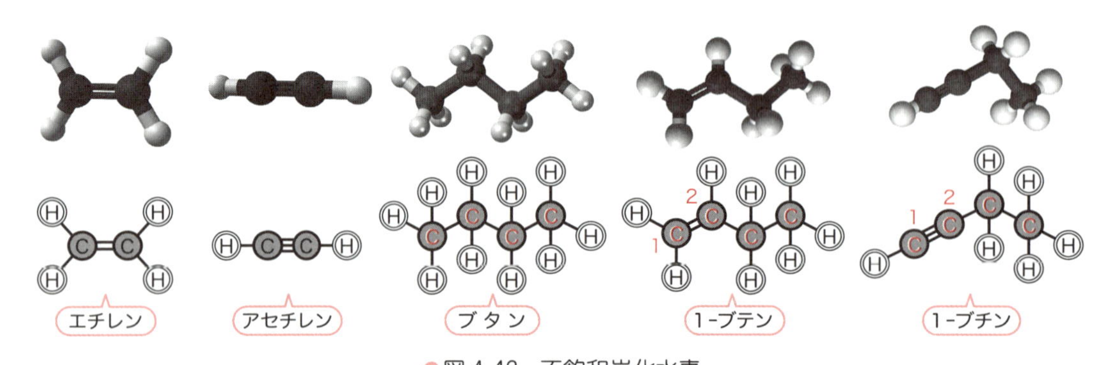

●図 4-12　不飽和炭化水素
ブタン以外は二重結合，三重結合をもつ不飽和炭化水素である．

結合の位置が末端にある場合は，末端の炭素からつけられる位置番号の1を添えて1-ブテン(1-butene)となる．同様に，末端の炭素-炭素結合に三重結合があると，末尾のaneをyneに変え，位置番号の1を添えて1-ブチン(1-butyne)とよぶ．

4.6　環式炭化水素

環状構造をもつアルカンは，アルカンが環状になったことを示すcycloをalkaneの前につけてシクロアルカン(cycloalkane)とよばれる．シクロアルカンは，一般式では，C_nH_{2n}で表される．最も小さいシクロアルカンは，炭素3個からなる三角形の構造をもつ．これは，炭素3個のアルカンがプロパン(propane)であることから，環状を示すcycloを前につけてシクロプロパン(cyclopropane)とよばれる(図4-13)．

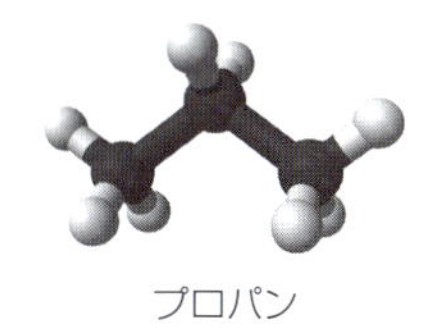
プロパン

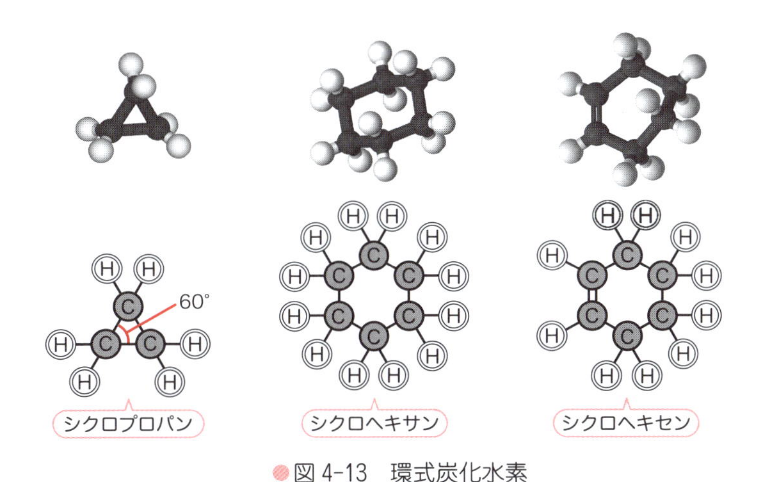

●図4-13　環式炭化水素

シクロプロパンの結合角は，正三角形の内角にあたるので幾何学的に単純計算すると60°となる．これは，単結合している炭素(sp^3混成)の結合角が109.5°であることを考慮すると，ずいぶん狭まっていてひずんだ状態であることがわかる．実際には，炭素-炭素間のσ結合の結合角は約104°であるが，それでもひずんでいて「結合角ひずみ」が生じている．このシクロプロパンのひずみを解消するために開環反応が起こりやすく，他のアルカンと比較して不安定である．

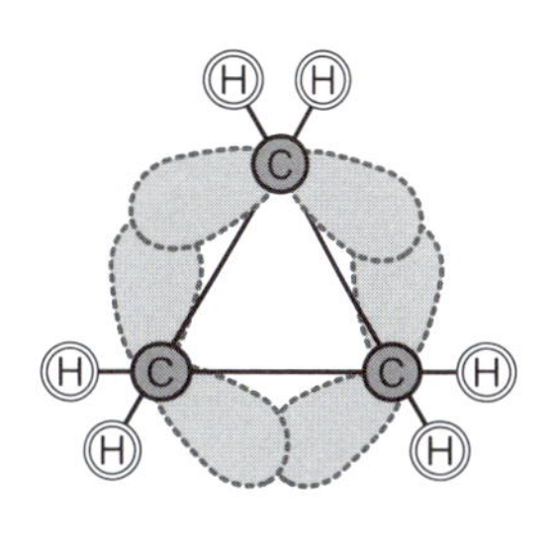
シクロプロパンの
結合角ひずみ

シクロアルカンの炭素-炭素結合に二重結合が含まれるとalkaneがalkeneになるのと同じようにしてcycloalkeneになる．たとえば炭素6個からなる環状アルカンは，シクロヘキサン(cyclohexane)であるが，これに二重結合が一つ含まれると，シクロヘキセン(cyclohexene)になる．シクロアルケンの一般式は，C_nH_{2n-2} で表される．

章末問題

(1) 次の分子(a)～(d)のうち，極性のあるものはどれか．
(a) プロパン　(b) ベンゼン
(c) ヨードメタン　(d) シクロヘキサン

(2) 次の分子(a)～(d)のうち，すべての原子が平面上にあるものはどれか．
(a) ベンゼン　(b) シクロヘキサン
(c) クロロホルム　(d) エチレン

(3) C_5H_{12} の分子式で表される分子の異性体をすべて化学構造式で記せ．

Chapter 5 有機化合物の立体構造

5.1 平面構造から立体構造へ

有機化合物をケクレ構造式で表すと，直感的にわかりやすく使いやすい（図 5-1）．しかし，多くの有機化合物は立体的な構造をしているため，紙の上に書かれた構造と立体構造は異なることを忘れてはいけない．すでに学んだように，メタンは正四面体構造をしている．図 5-1 の中央に示すように，メタン（CH_4）の分子模型をつくってみると，その立体構造を手に取って知ることができる．紙の上（二次元）でこのような三次元的な構造を正確に表すことは難しいが，実際の立体構造になるべく近く，わかりやすく表すために用いられるのがくさび–破線表記である．

この表記法では，炭素から出ている 4 本の結合のうち，実線で書かれている 2 本の結合が紙面上に載っていて，くさびで表される結合が紙面より手前に突き出している．一方，破線で示される結合は，誌面の奥（裏側）へ遠ざかっていくことを示す．紙の上に書かれた有機化合物の構造式を見たときに，「実際の立体構造はどんなだろう？」と常にイメージすることは，とても重要である．

●図 5-1　いろいろなメタンの表記法

私たちのまわりには，たくさんの炭素が連なったり，窒素や酸素などが組み込まれたりした有機化合物が多く存在しており，それらの立体構造がとても複雑であることは容易に想像がつくだろう．立体的なイメージを的確にとらえるために，まず単純な化合物から立体構造を学んでいこう．

5.2 エタンとブタンの立体配座

分子模型を使ってエタン(H_3C-CH_3)をつくってみよう．炭素を二つつなげ，それ以外の結合に6個の水素をつけるとできあがる(図5-2)．

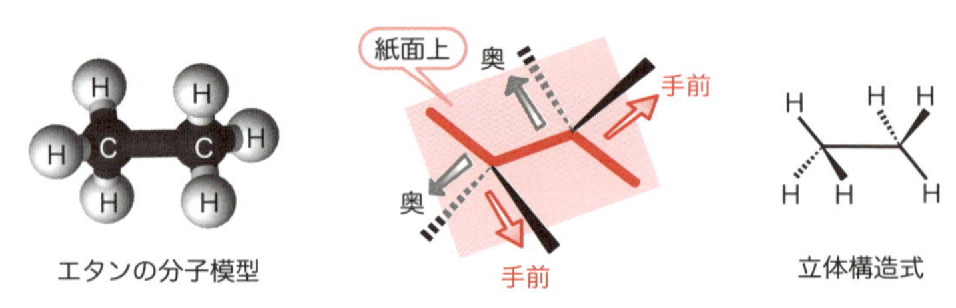

●図5-2　エタンの分子模型と立体構造式

すでに学んだように，これらの結合はすべて単結合(σ結合)である．単結合は，結合を軸としてくるくると回すことができる．実際に回してみよう．回し方によって，エタンの三次元的なかたちが変化するのがわかるだろう．このように，分子内の単結合を軸として回転することによって生じるさまざまなかたちを立体配座異性体という．

エタンの立体配座異性体を二次元の紙の上で表すには，くさび-破線表記だけでなく，ニューマン投影式を用いるとわかりやすい．ニューマン投影式で表すときには，エタンの炭素-炭素結合を手でもって，まるで万華鏡を覗き込むように，一方の炭素からもう一方の炭素をまっすぐ見通す．こうすると，手前の炭素と奥の炭素が重なって，それぞれの炭素に結合している水素が中心から外へ広がるようになって合計で6本の結合が見える．この状態を模式的に表すのがニューマン投影式である．

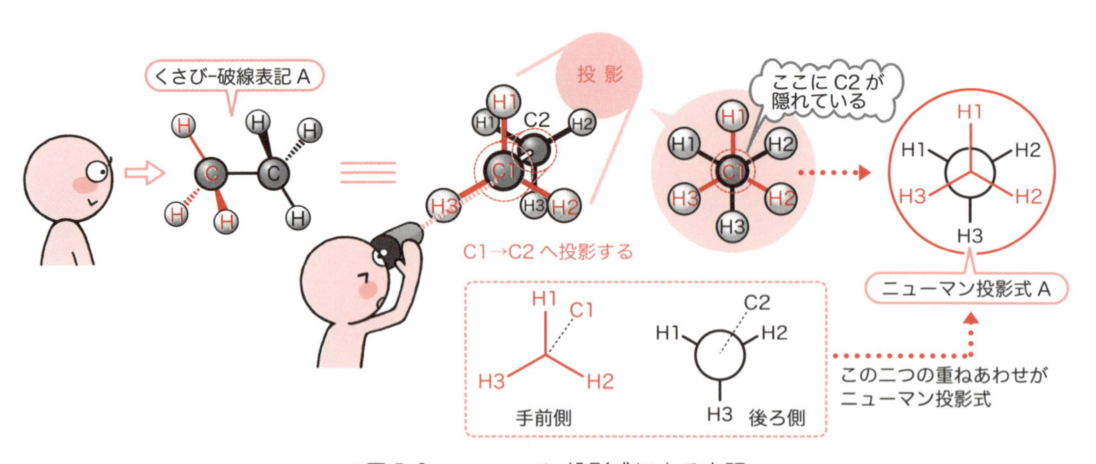

●図5-3　ニューマン投影式による表記

図5-3には，くさび-破線表記Aで表されるエタンの立体構造をニューマン投影式Aで表した例を記す．手前に見える炭素(C1)が赤い線で書かれた結合の中心点になり，奥の炭素(C2)は黒い円で示されている．ニューマン投影式Aの赤い中心点から発している三つの水素(H1，H2，H3)は手前の炭素(C1)に結合している水素であり，黒い円から発している結合の先についている三つの水素(H1，H2，H3)は奥の炭素(C2)に結合している水素を表している．この表示法を用いると，隣りあった炭素に結合している置換基の位置関係が明確にわかる．たとえば，図5-3のニューマン投影式Aを炭素-炭素結合を軸として60°右回りに回転させてみよう(手前の炭素を固定して，結合を回転させる)．

すると，炭素に結合した水素がすべて重なったニューマン投影式Bになる．ニューマン投影式AとBでは，炭素-水素結合の位置関係が大きく異なる．ニューマン投影式Aでは，6本の炭素-水素結合が互いに最も離れた位置にあり，バランスが取れた感じがする．一方，ニューマン投影式Bでは，炭素-水素結合がすべて重なりあっているので，互いにたいへん窮屈な感じがする．

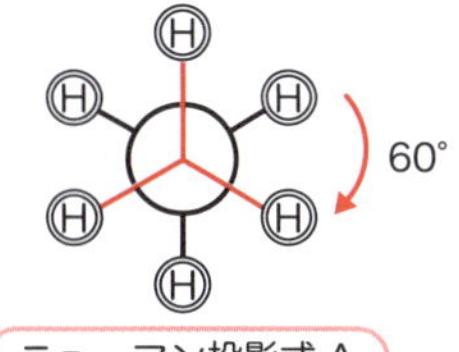

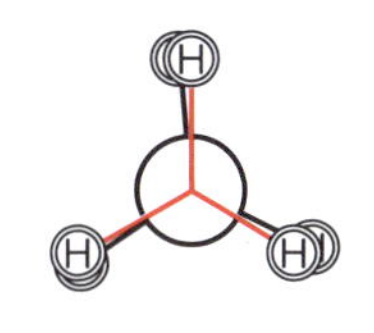

●図5-4　エタンのニューマン投影式を回転させる

ニューマン投影式AとBに認められるような炭素-水素結合の位置関係の違いがそれぞれの安定性にかかわっている．炭素-水素結合どうしが近づくほど結合電子対どうしは反発するので高いポテンシャルエネルギーをもち，不安定になる．逆に遠ざかるほど安定になる．よって，ニューマン投影式Aで示される立体配座異性体はニューマン投影式Bで示される立体配座異性体よりも安定といえる．実際には，結合軸が回転する角度は0°～360°のあいだで無数にあるので，それぞれに対応する立体配座異性体も無数に存在する．結合軸の回転する角度とそこに生じる立体配座異性体のポテンシャルエネルギーの関係を図5-5に表す．

図5-5には，ニューマン投影式Aのようにすべての炭素-水素結合が互いに最も離れた位置にある異性体が120°ずつの間隔で三つ存在しており，これらはねじれ形とよばれる．また，ニューマン投影式Bのように炭素-水素結合がすべて重なりあっている異性体も120°ずつの間隔で三つ存在しており，これらは重なり形とよばれる．ねじれ形はポテンシャルエネルギーが最も低く，重なり形はポテンシャルエネルギーが最も高い．安定なねじれ形から，重なり形に向かってずれた際のポテンシャルエネルギーの差を「ねじれひずみ」という．「ねじれ形」の「ねじれひずみ」が0(ゼロ)であることに注意しよう．エタンは，より安定なねじれ形で存在する確率が高いが，これらのエネルギー差はたかだか12 kJ/molなので，室温では炭素-炭素結合軸がくるくると回り続け，結果としてねじれ形と重なり形を別べつの異性体として取り出す(単離する)ことはできない．

次に炭素を一つ増やしてプロパン($H_3C-CH_2-CH_3$)の模型をつくってみ

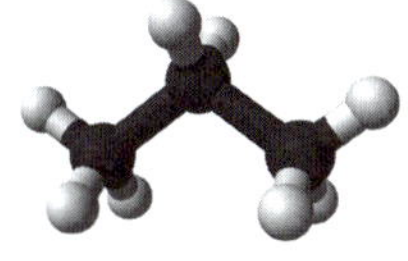

プロパン

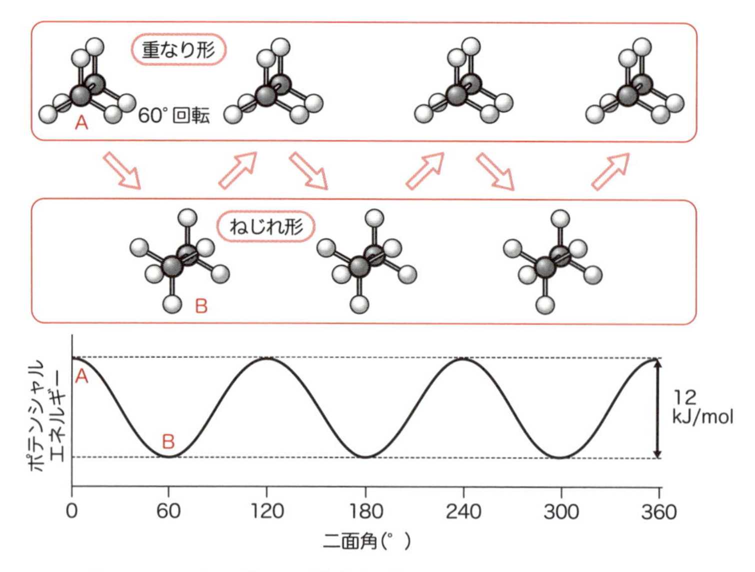

●図 5-5　エタン分子の構造とポテンシャルエネルギーの関係

よう．この場合は，炭素-炭素結合が 2 本になるが，どちらかの結合を軸として手でもってくるくる回してみるとよい．いろいろな立体配座が見えてくるだろう．プロパンをニューマン投影式で表すには，エタンのニューマン投影式を基本にする．すなわち，プロパンは，エタンの水素一つがメチル基に置換されたものと考えて，ニューマン投影式で表されたエタンの水素一つをメチル基に置き換えればよい(図 5-6)．

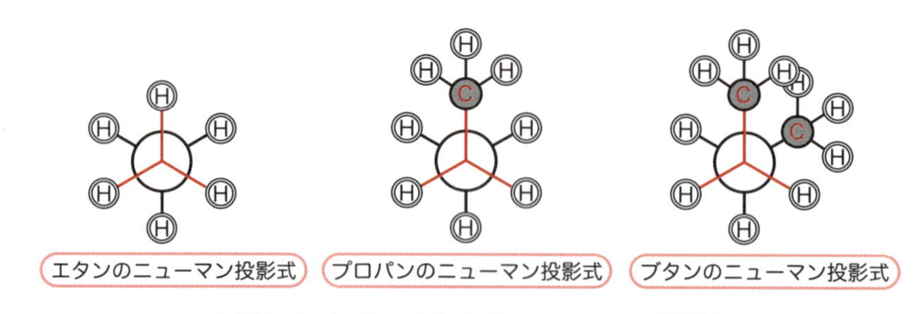

●図 5-6　いろいろな分子のニューマン投影式

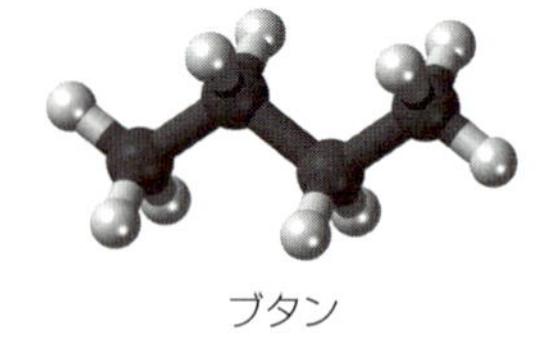

ブタン

さらに，もう一つ炭素を増やしてブタン($H_3C-CH_2-CH_2-CH_3$)の模型をつくってみよう．炭素-炭素結合が 3 本になるので，真ん中の結合を手でもって他の 2 本の結合をくるくる回してみよう．さらに複雑な立体構造が見えてくるだろう．ブタンのニューマン投影式はこのように真ん中の炭素-炭素結合を軸としてまっすぐ見通してつくる(図 5-6)．この表し方は，エタンのニューマン投影式の手前の炭素と奥の炭素についている水素を一つずつメチル基に置き換えたと考えてつくることもできる．

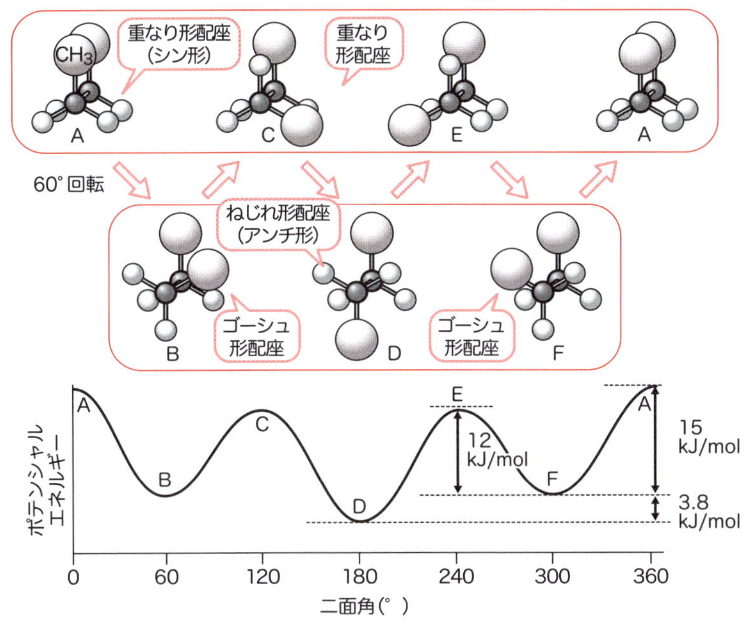

●図 5-7　ブタン分子の構造とポテンシャルエネルギーの関係

このブタンのニューマン投影式では，メチル基どうしの反発があるため，重なり形やねじれ形のなかに異なる異性体が見えてくる．すなわち，重なり形にはメチル基どうしが重なるもの(A，シン形)と，メチル基と水素が重なるもの(C，E)がある．また，ねじれ形には，メチル基どうしが隣あうもの(B，F，ゴーシュ形)と互いに反対向きのもの(D，アンチ形)がある．二つのメチル基どうしが最も近いシン形が最も不安定で，最も遠いアンチ形が最も安定である(図 5-7)．

5.3　シクロヘキサンの立体配座

これまで直鎖状のアルカンについて考えてきたが，次に環状アルカンの例としてシクロヘキサンの立体構造を考える．実際に模型をつくって炭素-炭素結合を回転させてみよう．たいへん複雑な立体構造が見えてくるはずである．このように，シクロヘキサンにも無数の立体配座があるが，なかでもいす形配座が最も安定である．その理由は，いす形配座のニューマン投影式を見れば理解できる(図 5-8)．

シクロヘキサン

いす形配座をニューマン投影式で表すと，ねじれ形配座になっており，すべての結合が互いに最も遠いところにあって安定であることがわかる．シクロヘキサンでは，それぞれの炭素に二つずつ水素が結合しており，全部で 12 個の C−H 結合がある．いす形配座の模型について，12 個の C−H 結合の向きを確認してみると，シクロヘキサン環から垂直にのびた結合(アキシアル)

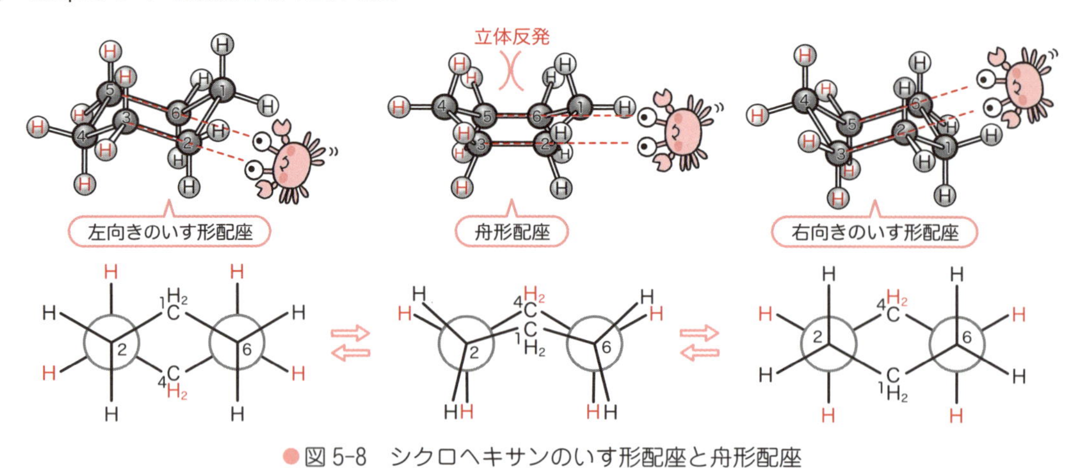

●図 5-8　シクロヘキサンのいす形配座と舟形配座

が 6 個あり，水平に近い方向にのびた結合(エクアトリアル)が 6 個ある．アキシアルでは，そのうちの 3 個が垂直上向きで，残り 3 個が垂直下向きで，それらが互い違いに配置されている．同様にエクアトリアルでも，3 個が斜め上向きで残り 3 個が斜め下向きであり，それらが互い違いに配置されている．

では，図 5-9 のような左向きのいす形配座を立体模型でつくってみよう．次に，この左向きのいす形配座から右向きのいす形配座に変えてみよう．まず，模型の足の部分を手でもって少しずつ上向きにする．シクロヘキサン環全体が連動してねじれていくのがわかるだろう．完全に足の部分を上向きにすると舟形配座になる．舟形配座は，ニューマン投影式からも見て取れるように重なり形配座であり，いす形配座よりも不安定である．

●図 5-9　いす形配座と舟形配座

今度は，模型の元の頭の部分を手でもって少しずつ下向きにする．やはりシクロヘキサン環全体が連動してねじれていく．こうして最後には頭と足の関係が逆転した右向きのいす形配座になる．この左向きと右向きのいす形配座のそれぞれの C—H 結合を比べると，上向きか，下向きか，という点では変わらないが，一方でアキシアルだったものがもう一方ではエクアトリアルになり，エクアトリアルだったものがアキシアルになることがわかる．まさにシクロヘキサン環全体が連動して反転しているのである．実際には，室温下では，シクロヘキサンは二つのいす形配座のあいだで素早く反転しており，最も安定ないす形配座でさえも安定な異性体として取り出すことはできない．

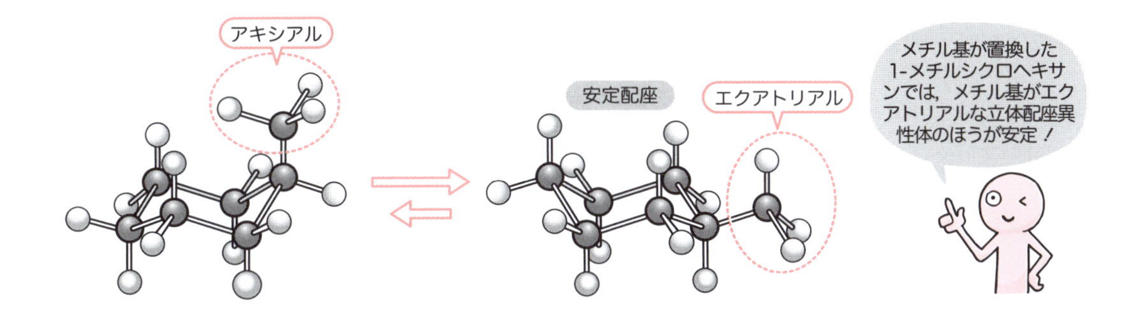

5.4　立体異性体

ここまで，単結合を回転させることによって生じる空間的配置の違い，すなわち配座異性体について学んだ．このほかに分子の立体的なかたちそのものが異なる異性体として立体配置異性体がある．これは置換基の三次元的配置(配列)が異なる異性体である．たとえば乳酸には，立体異性体が存在する．図 5-10 に示すような乳酸Aを模型でつくってみよう．次にこの乳酸Aを鏡に映した分子である乳酸Bをつくって乳酸Aと同じ分子か確かめてみよう．乳酸Bを水平方向に 180° 回転させ，乳酸Aと重ねあわせてみればよい．模型は重ならないことがわかるだろう．つまり，乳酸Aを鏡に映してできた乳酸Bは，まったく別の分子である．

このように元の像とその鏡像が一致しない分子はキラルな性質(キラリ

CO_2H　H_3C　C　H　OH　乳酸A
鏡
CO_2H　H　C　CH_3　HO　乳酸B
180°回転
CO_2H　H_3C　C　OH　H
別の分子！
HとOHの配置が異なる

● 図 5-10　乳酸の立体異性体

ティ)をもつ分子(キラルな分子)とよばれ，それぞれの異性体は鏡像異性体(エナンチオマー)として区別される．キラルな性質をもつものは私たちのまわりに多く存在し，私たち自身もキラルな性質をもっている．私たちの右手と左手はまさに実像と鏡像の関係にあり，それらが同一でないことは右手用のグローブが左手にははまらないことからも明らかである．

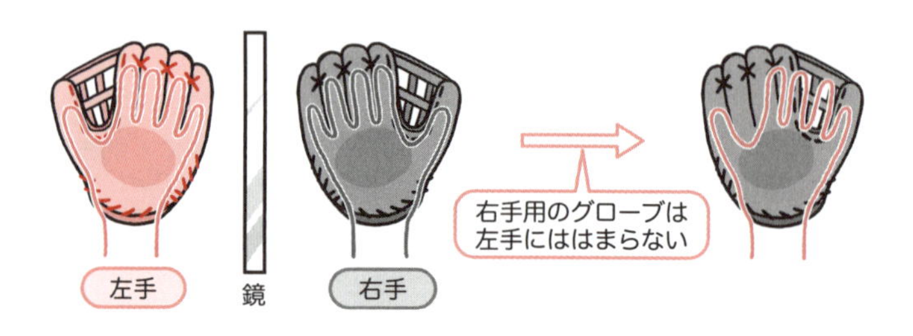

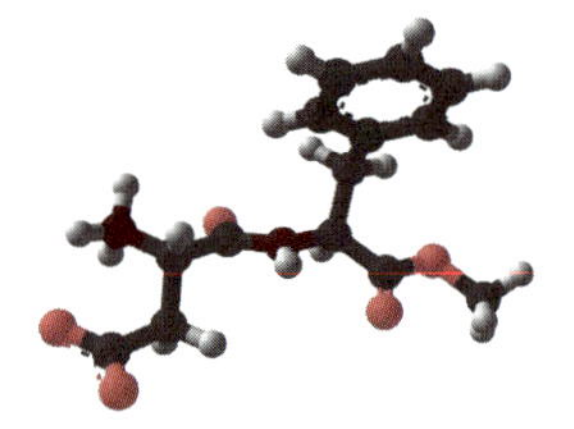
アスパルテーム

とても面白いことだが，私たちの身体がキラルな性質をもつということは生命の根本から発している特質で，実は私たちは知らず知らずのうちにキラリティを厳格に区別している．人工甘味料として有名なアスパルテームにもエナンチオマーが存在するが，鏡像のアスパルテームをなめると苦みを感じる．これは，私たちの舌がキラリティをしっかり区別しているからである(図 5-11)．

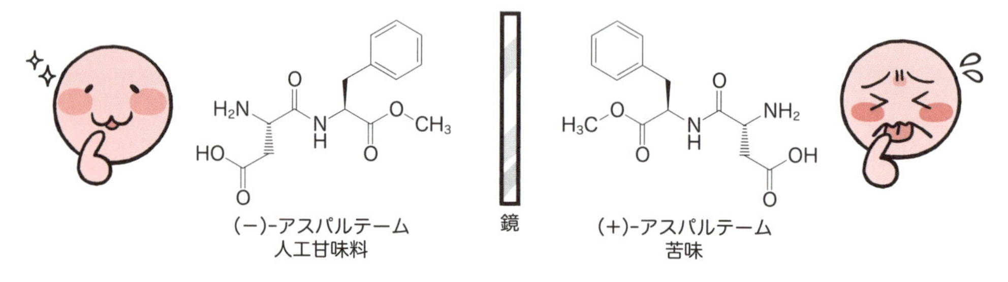

●図 5-11 アスパルテームの鏡像

キラルな分子とそうでない分子(アキラルな分子)を見分けるにはどうしたらいいのだろう．化学構造式で判断するには，対称面の有無を考えればよい．アキラルな分子とは，鏡に映したときに元の像と同じになる分子であるが，そのためには，分子内に対称面が存在する必要がある．対称面とは，その面の片方の構造がもう一方の構造の鏡像になるように分子を二分する面のことである．たとえば，単結合している炭素に結合した四つの置換基がすべて異なるかどうかを考えればよい．分子のなかに四つの置換基が異なる炭素が一つしかなかったら，その分子は対称面をもたず，キラルになる．このように，sp^3 混成している原子に四つの異なる置換基が結合した場合，その中心とな

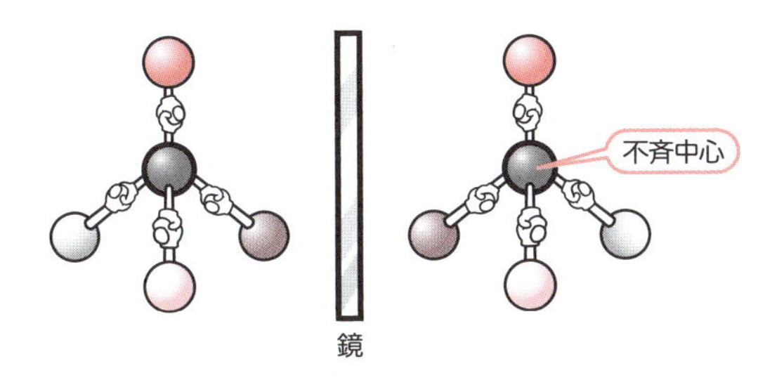

る原子を不斉中心(キラル中心，もしくは不斉原子)とよぶ．とくに炭素原子が不斉中心になる場合が多く，不斉炭素とよばれている．

私たちの身のまわりには，キラルな分子がたくさん存在するが，不思議なことに，天然に存在する物質は片方のエナンチオマーだけで存在することが多い．たとえば，図 5-10 の乳酸も，乳酸Aのみが天然に存在し，そのエナンチオマーである乳酸Bは天然には存在しない．ところが，私たちが人工的に乳酸を化学合成しようとすると，両方の異性体が 1：1 の比で存在する混合物(ラセミ体)が得られる．なぜ自然界には片方のエナンチオマーしか存在しないのか，何かしくみが働いているのではないかと，今でも盛んに議論されている．残念ながら，私たちはまだこの答えを見いだすことができていない．

キラルな分子の特質として，光学活性があげられる．もともとキラルな分子が発見されたきっかけは，偏光(振動面が一方向だけに揃えられた光)を回転させる性質(旋光性)が見つかったことからだったので，一方のエナンチオマーをより多く含む分子は光学活性物質ともよばれている．偏光をキラルな分子が溶けている溶液にあてると回転するが，その回転を真正面から向きあって見たときに左回りであれば左旋性といい，(−)で表す．一方，右回りであれば右旋性といい，(＋)で表す．鏡像異性の関係にある分子どうしは，偏光面を回転させる角度(旋光度)は等しいが，向きが互いに逆向きである．図 5-10 の乳酸Aは，水に溶かしたときに右旋性を示すため，(＋)-乳酸として表される(図 5-12)．エナンチオマーな分子どうしは，この旋光性だけが異なり，それ以外の物理的・化学的性質は同じである．

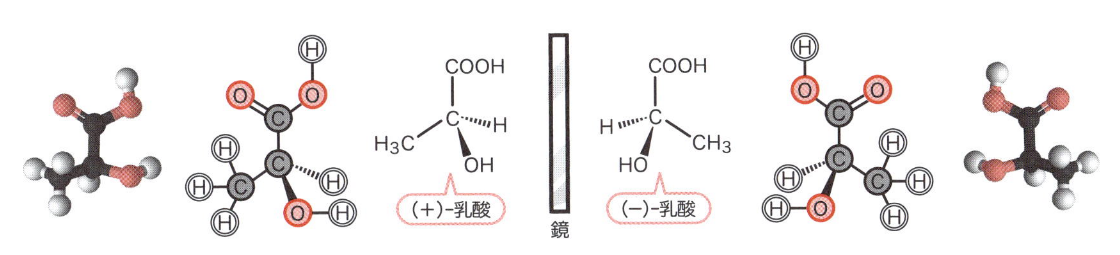

●図 5-12　乳酸の鏡像

(＋)-乳酸と(−)-乳酸のようなエナンチオマーを区別して表すために R/S 表示法が用いられる．R/S 表示法は，さまざまな分子の不斉中心の三次元的な立体構造(絶対配置)を R もしくは，S として明確に示すことができる．この表示法は，優先順位(原子番号の大きい原子が優先される)に基づいている．(＋)-乳酸について，絶対配置を決めてみよう(図 5-13)．

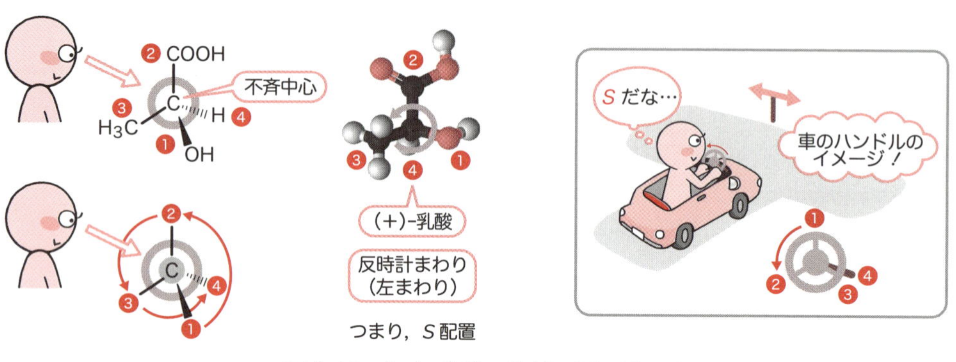

●図 5-13 (＋)-乳酸の絶対配置の決め方

まず，不斉中心に結合している四つの置換基〔(−OH(❶)，−COOH(❷)，$-CH_3$(❸)，−H(❹)〕について，中心の炭素と直接結合している原子を確認すると，O，C，C，H である．優先順位は基本的には原子番号の大きい元素が高い．原子番号が最も大きいのは O なので，−OH の優先順位は最も高く 1 位である．一方で，原子番号が最も小さいのは H なので，−H の優先順位は最も低く 4 位である．−COOH，$-CH_3$ は両方とも C が直接中心の炭素に結合しているので，このままでは差がつかない．そこで，それぞれ，C の先に結合している原子を比べてみると，−COOH では O と H が結合し，$-CH_3$ では H が結合している．O は H よりも原子番号が大きいので，ここで差が出て，−COOH のほうが順位が高く 2 位，$-CH_3$ が 3 位となる．こうして順位づけが終わったら，順位の最も低い −H が自分の目から最も遠い方向になるようにして分子を眺め(ちょうど車のハンドルの軸方向に −H を置いて，残る三つの結合がハンドルに乗っているようなイメージをもつとよい)，優先順位を 1 ～ 3 の順に追っていくと，この場合は左回りになる．よって，(＋)-乳酸は，S 配置と決められる．ただし，R/S 表示法と右旋性・左旋性には相関性はないため，R/S 表示法が決められたからといって，それによって旋光性が決められるものではないことは覚えておこう．

5.5　立体配置異性体の表し方

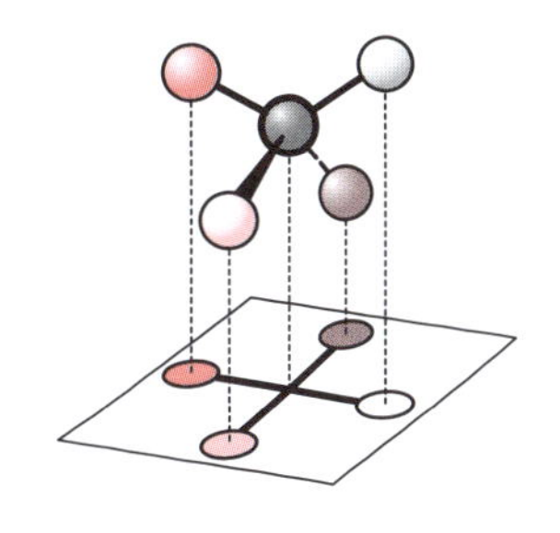

すでにくさび-破線表記法について学んでいるが，立体配置異性体を表すには，フィッシャー投影式を用いると単純化されてわかりやすい．フィッシャー投影式では，不斉中心を2本の直線の交点で表し，結合している四つの置換基をそれぞれ直線の末端に記す．このとき，自分の目から中心不斉を見据えて，自分から遠ざかる二つの置換基を縦線の上下に記し，自分に向かってくる二つの置換基を横線の左右に記す．図5-14に乳酸の両エナンチオマーをフィッシャー投影式で表す．

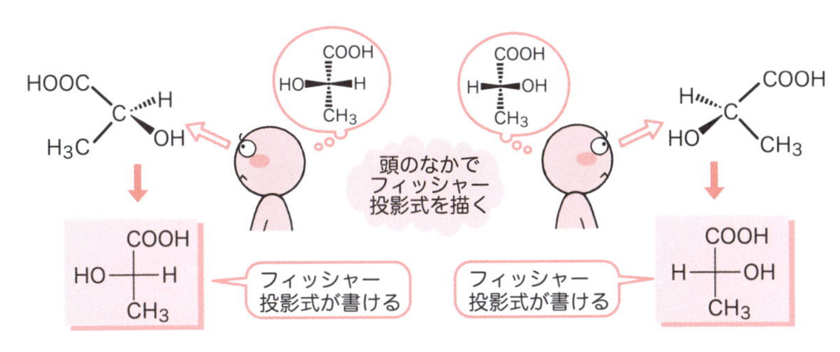

●図5-14　乳酸のフィッシャー投影式での表し方

5.6　不斉中心が複数ある場合の立体異性体

乳酸のように，不斉中心が一つだけならば，その鏡像と併せて二つのエナンチオマーが存在する．n 個の不斉中心が一つの分子に存在すると，その異性体の数は，1個の不斉中心について二つずつあるはずなので，2^n 個と予想される．たとえば，不斉中心を二つもつ分子の立体異性体をフィッシャー投影式で表すと図5-15のようになる．まず，(−)-エフェドリンは，R/S 表示法によると，(1R, 2S)となる．これのエナンチオマーである(+)-エフェドリンはすべての不斉炭素に関し立体配置が逆になるので，(1S, 2R)になる．さらに(−)-エフェドリンの2位の立体配置を逆にした(1R, 2R)とそのエナンチオマー(1S, 2S)を加えると，立体配置は予想通り，$2^2 = 4$ 個である．この四つの異性体の関係を眺めると，すべての立体配置が逆になったエナンチオマーどうしが2組存在するが，それ以外に立体配置が1か所は同じでもう1か所が異なる組合せも存在することがわかる．このような異性体をジアステレオマーとよぶ．

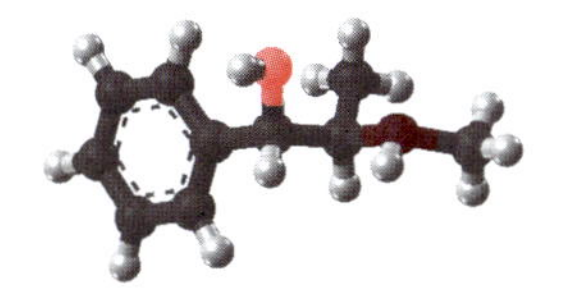

エフェドリン

長井長義

ジアステレオマーどうしはまったく別の分子であり，すべての物理的性質および化学的性質が異なるので，名前もプソイドエフェドリンとしてエフェ

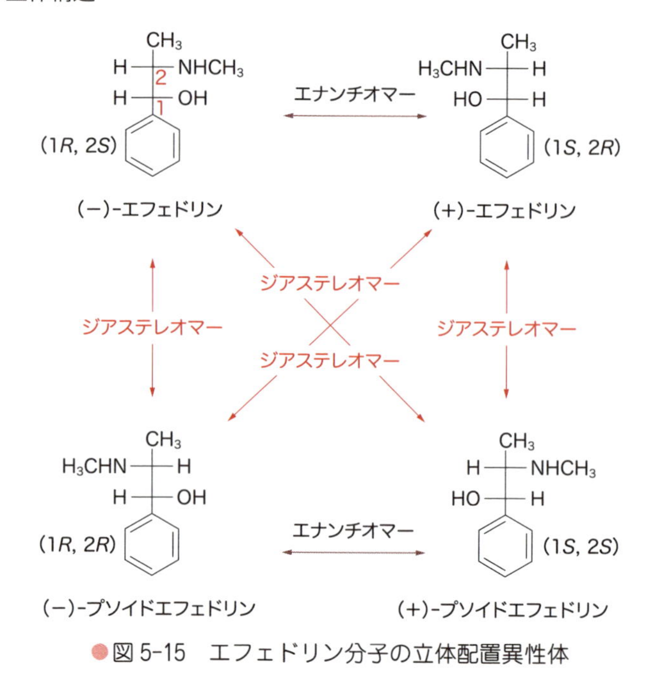

●図 5-15　エフェドリン分子の立体配置異性体

ドリンとは別の物質として扱われる．

次に酒石酸について考える（図 5-16）．

酒石酸にも 2 個の不斉中心が存在するので，同様にフィッシャー投影式を書いてみると，実際には，四つの異性体のうち二つは同じであるので，異性体の数としては三つになることがわかる．これは，対称面が生じたからであ

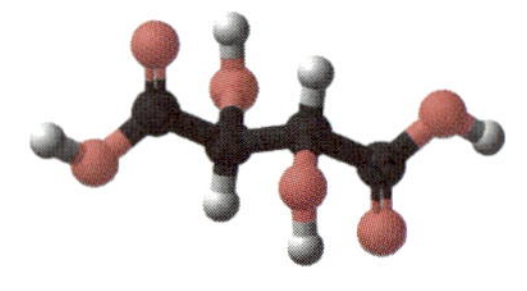

酒石酸

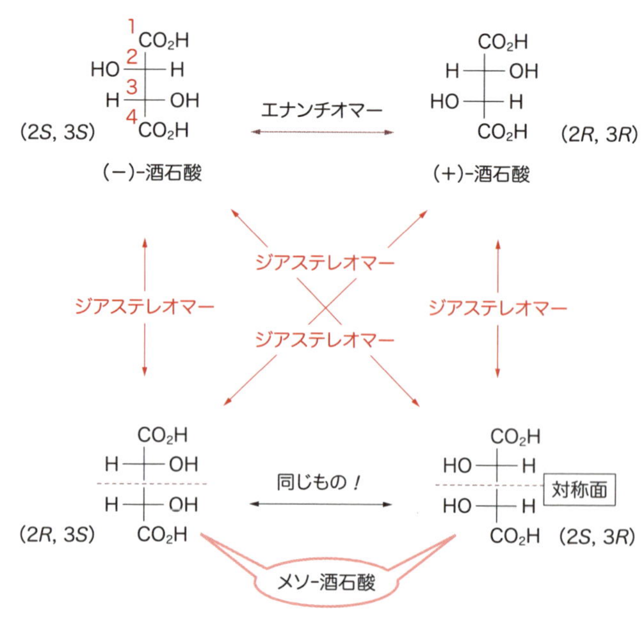

●図 5-16　酒石酸の立体配置異性体

る．すでに述べたように，対称面をもつ分子はアキラル(キラルではない)になるので，酒石酸のように複数の不斉中心があっても，アキラルな異性体が存在する．このような構造をメソ体とよぶ．一般に不斉中心が n 個の分子には 2^n 個の立体配置異性体が存在するがメソ体の存在する場合は立体異性体の数は 2^n 個よりも少なくなる．

章末問題

(1) シクロヘキサンの最も安定な配座を書け．

(2) 次の(a)～(d)はキラルかアキラルか．

(a) くつ　(b) 手袋　(c) ゴルフボール

(d) ねじ

(3) フィッシャー投影式で示した次の(a)～(c)はキラルか．キラルな場合は，R 配置か S 配置か決めよ．

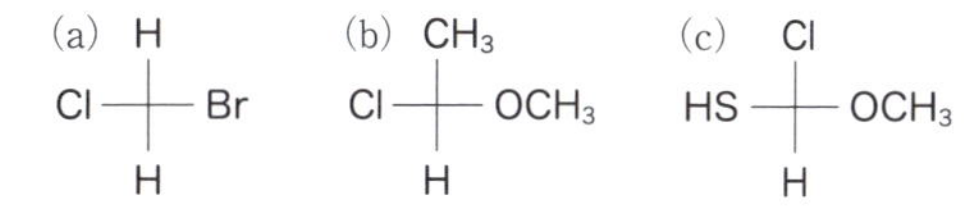

Chapter 6

化学反応

有機化学の反応を簡単に表すなら，電子が動くことによって物質が変化すること，となるだろう．原子と原子が共有結合でつながっているとき，一つの結合は，2個の電子を原子が互いに共有しあって成り立っている．この共有しあっている電子がどこかへ移動してしまうと，結合は成り立たなくなり，物質が変化する．このような電子の動き方を大きく分けると，ラジカル反応と極性反応という二つのパターンがある．

6.1 ラジカル反応

共有結合にかかわる2個の電子が1個ずつ均等に動く反応をラジカル反応という(図6-1)．たとえば，水素分子の共有結合を形成している2個の電子が1個ずつそれぞれの水素原子に分かれたとき，「ラジカル反応によって水素分子が水素ラジカルになった」と表現する．ラジカルは電子が1個だけ軌道に収容されているので，とても不安定で反応性に富んでいる．たとえば水

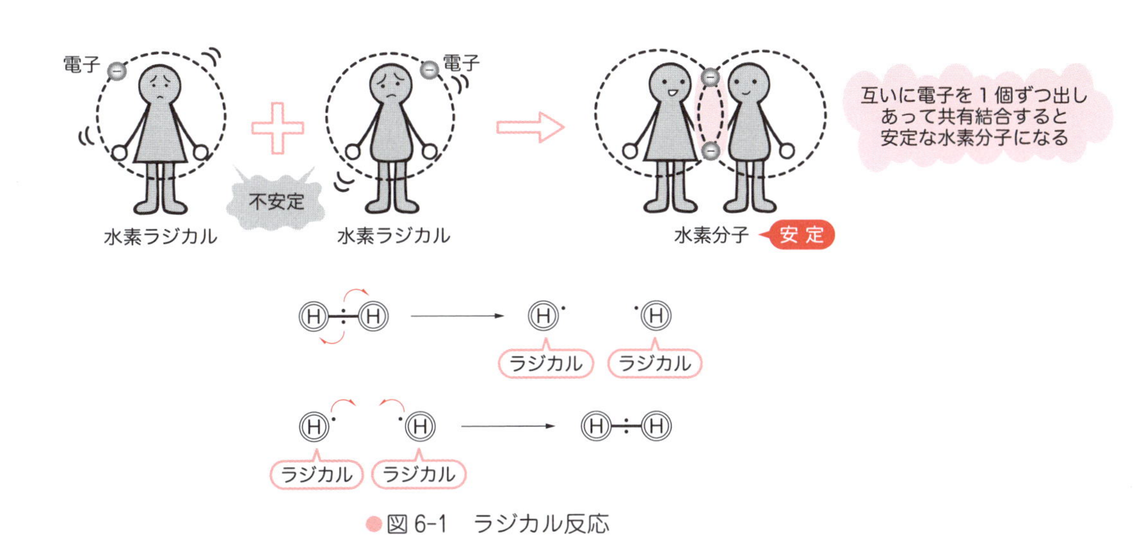

●図6-1　ラジカル反応

素ラジカルは，互いに1個ずつ電子を出しあってただちに共有結合を形成し，水素分子をつくる．この場合も，電子が1個ずつ均等に動いており，これがラジカル反応の特徴である．電子が1個ずつ動く様子は，片刃の曲がった矢印(⌒)で表される．

6.2 極性反応

共有結合にかかわる2個の電子がペアになって動く反応を極性反応という．共有結合は，もともと原子が互いに1個ずつ電子を出しあってできていたが，電子2個が一度に片方へ動くことによって，本来もっていた電子より1個余分に電子をもらったものと，電子を1個失ったものとに不均等に分かれることになる．電子の数が増えたものは負の電荷をもち，アニオンになる．一方で，電子の数が減ったものは正の電荷をもち，カチオンになる．たとえば臭素分子は，片方が臭素のカチオンになり，もう片方が臭素のアニオンになる．アニオンもカチオンも電荷のバランスが崩れた状態なので，これらが再び出会うと，電子が余分にあるアニオンから，電子が足りないカチオンに向かって電子が動き，共有結合が形成される(図6-2)．これらイオン(アニオンとカチオン)がかかわる反応をとくにイオン反応という．

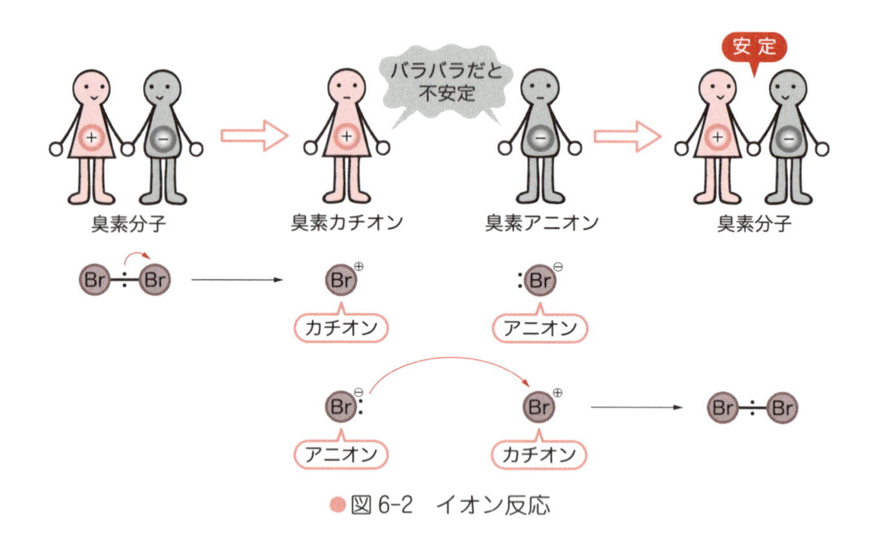

●図6-2 イオン反応

極性反応は，イオンだけが反応するわけではない．たとえば，アンモニア分子はイオンではないが，窒素上に非共有電子対があり，電子に富んだ(rich)状態にある．一方で，プロトン(H^+)は正の電荷をもち，電子が足りない状態である．もし，電子に富んだ(rich)分子が電子の乏しい(poor)分子と出会えば，電子に富んだ(rich)ほうから電子が2個ペアになって動く．すなわち，アンモニアの窒素上の非共有電子対が動いてプロトン(H^+)と結合を形成する．このように，極性反応はイオンも含めて電子に富んだ(rich)側から乏しい(poor)側へ2個の電子がペアになって動く，不均一な電子の動きによって起こる反応すべてを含む．実際，有機化学反応の多くが極性反応である．

電子が2個ずつペアになって動く様子は，両刃の曲がった矢印(⤵)で表される．矢印の出発点は，電子に富んだところなので，負の電荷や非共有電子対，電子が偏って存在する箇所(δ−)になる．一方で，矢印の終点は，電子に乏しいところなので，正の電荷や(δ+)になる(3.6.3項参照)．矢印の動く向きは，有機化学の反応を理解するうえでたいへん重要である(図6-3)．電子に富んだ(rich)分子を求核剤とよび，電子が乏しい(poor)分子を求電子剤とよぶ．

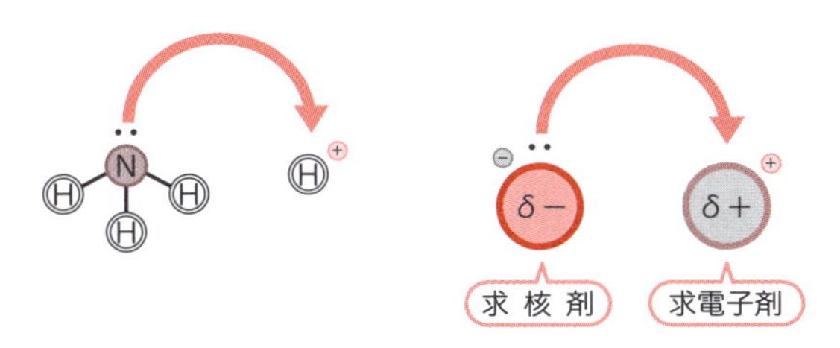

●図6-3　極性反応における電子の移動

6.3　化学反応のしくみ

すでに述べたように，化学反応は電子の動きによって結合が切断されたり，形成されたりすることである．電子の動きを追いながら，どのような化学反応が起こるのか，しくみを分類して見ていこう．

6.3.1　置換反応

置換反応の例を図6-4に示す．この反応では，ブロモメタン(CH_3Br)のBrがOHと置き換わってメタノール(CH_3OH)が得られる．このように分子

ブロモメタン

$$CH_3Br + OH^{\ominus} \longrightarrow CH_3OH + Br^{\ominus}$$

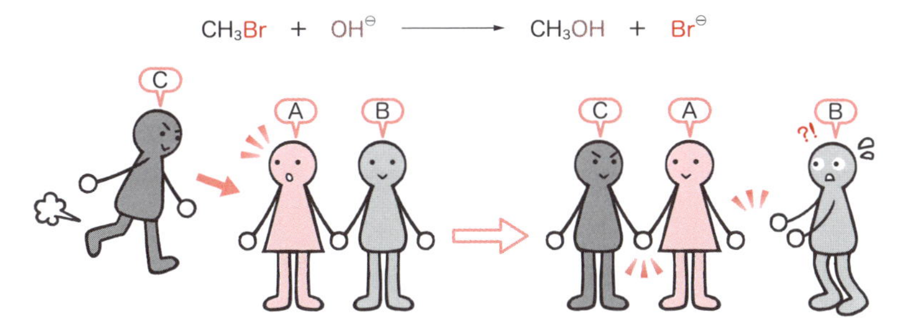

●図6-4　置換反応の例

の一部が別の分子と置き換わって新たな分子が生成する反応を置換反応という．なぜ，ブロモメタン(CH_3Br)のC−Br結合が切断され，代わりにC−OH結合が生じるのだろう．

臭素は電気陰性度が高く，ブロモメタン(CH_3Br)のC−Br結合では共有電子対を自分のほうへ引き寄せている．そのため，電子が偏って存在し，炭素側では電子が少なめで，臭素側では電子が多めになる．このような電子の偏りを極性といい，$\delta-$(電子が多め)と$\delta+$(電子が少なめ)で示す．つまり，ブロモメタン(CH_3Br)は，もともとC−Br結合に極性があり，切れやすい状態にある．

一方で，水酸化物イオン(OH^-)には，結合に使われていない電子対(非共有電子対)が酸素に存在し，負の電荷をもっているため，電子に富んだ(rich)状態である．この二つの分子が出会うと，電子に富んだ(rich)水酸化物イオン(OH^-)の酸素から電子に乏しい$\delta+$(poor)なブロモメタン(CH_3Br)の炭素に向かって電子が2個ペアになって動く．2個の電子を受け取る炭素は，オクテット則を超える10個の電子をもつことはできないので，自分のまわりにある電子のうちから2個を追い出そうとする．このとき，もともとC−Br結合をつくっている共有電子対の2個の電子は臭素側に偏っているので，これ幸いとばかりに臭素に2個の電子を渡してしまう．このようにして，炭素は臭素との共有結合を切ると同時に，酸素とのあいだに新たな共有結合を形成する．この一連の流れによって，BrとOHが置き換わり，置換反応になる(図6-5)．

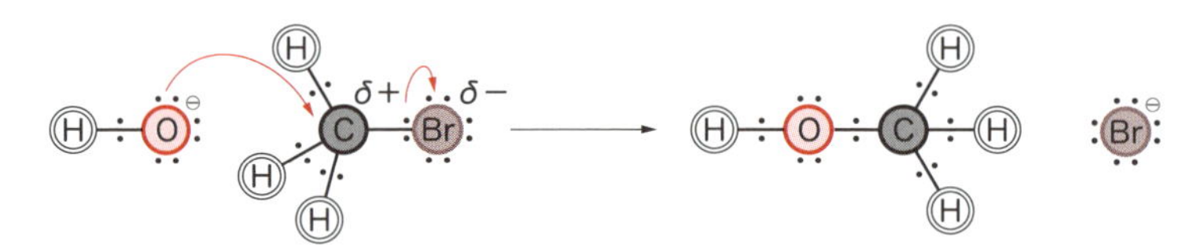

●図6-5 ブロモメタンと水酸化物イオンの反応

6.3.2 付 加 反 応

付加反応では，分子と分子が反応し，互いのもっているすべての原子を失うことなく新たな一つの分子が生成する．

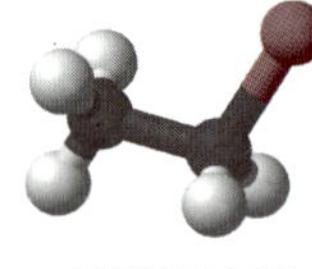

クロロエタン

図6-6に示したように，エチレン($H_2C=CH_2$)にHClが付加してクロロエタン(CH_3CH_2Cl)が得られる．この反応はどのように進んでいるのだろう．

エチレン($H_2C−CH_2$)は，炭素-炭素結合が二重結合になっている．二重結合は合計すると4個の電子がこの炭素と炭素のあいだに存在することになり，電子に富んだ(rich)状態になる．このように二重結合や三重結合は，電子に富んだ(rich)状態であるので，電子の曲がった矢印の始点になる．このとき，

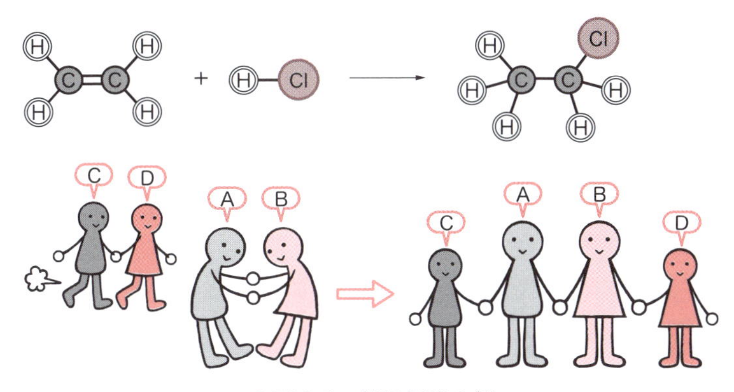

●図 6-6 付加反応の例

実際に動く電子はπ結合の電子である．一方で塩化水素は，塩素の電気陰性度が高く H−Cl 結合の電子は塩素に偏っている．そのため，水素は電子が少なめ(poor)な状態にあり，電子に富んだ(rich)エチレン($H_2C=CH_2$)のπ結合の電子 2 個は，電子が少なめ(poor)な HCl の水素に向かって動く．水素は，エチレンから動いてきた 2 個の電子を受け取ると，オクテット則(水素の場合は 2 個で安定)を超えることになるので，もともと塩素の側に偏っていた電子 2 個を塩素に受け渡してしまう．こうして水素は，塩素との結合を切って代わりに炭素との結合を形成する．

この段階では，エチレンの二つの炭素の片方には，新たに水素が結合したが，もう片方の炭素には水素二つと炭素一つが単結合しているだけなので，炭素のまわりの電子の数は 6 個になり，正に荷電した中間体構造となっている．このような状態の炭素をカルボカチオンとよぶ．カルボカチオンは電子が足りない(poor)ので，電子に富んだ(rich)塩化物イオン(Cl^-)がこれを攻撃し，炭素と塩素のあいだで新たな結合を形成する．このようにして，エチレン($H_2C=CH_2$)に HCl が付加してクロロエタン(CH_3CH_2Cl)が得られる(図 6-7)．この反応では，エチレンへ水素が付加する第 1 段階と，それによって生じたカルボカチオン中間体に塩素が付加する第 2 段階とに分かれている．第 1 段階のほうがより高いエネルギーが必要となり，進みにくいことがわかっている．このように，化学反応には数段階を経て進行するものが多くあり，なかでも最も進みにくい(速度が遅い)段階を律速段階とよぶ．

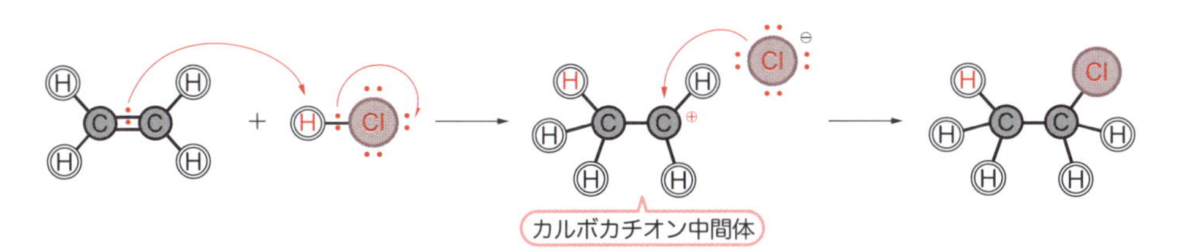

●図 6-7 カルボカチオン中間体の形成

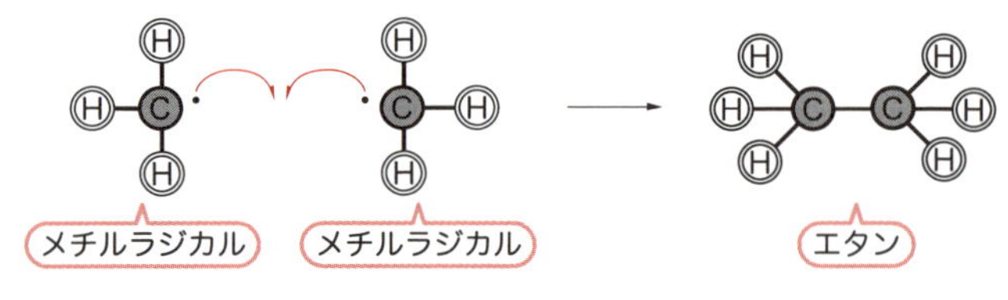

●図 6-8　ラジカル付加反応の例

極性反応だけでなく，ラジカル反応にも付加反応がある．たとえば図 6-8 のように，メチルラジカルどうしが付加してエタンが生成する反応も付加反応である．

6.3.3 脱 離 反 応

脱離反応は，ちょうど付加反応の逆反応にあたり，元の分子の一部が脱離して新たな分子が生成する．

図 6-9 に示したように，クロロエタン（CH_3CH_2Cl）から塩化水素が脱離してエチレン（$H_2C=CH_2$）が得られる反応は脱離反応である．6.2 節で述べた付加反応（図 6-6）と比べると，脱離反応では，ちょうど化学式の左辺と右辺が入れ替わっていて，逆反応であることがわかるだろう．

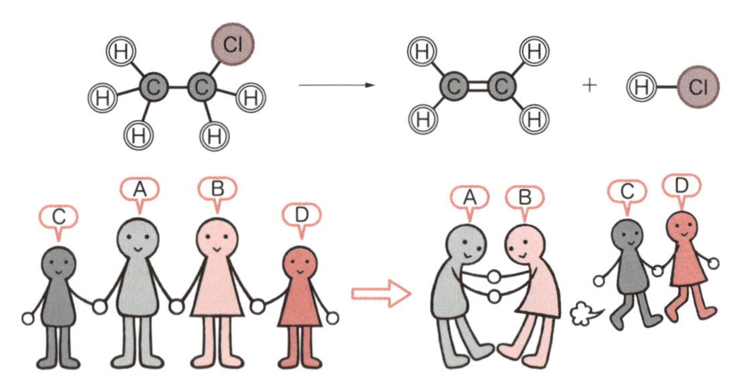

●図 6-9　脱離反応の例

6.3.4 転 位 反 応

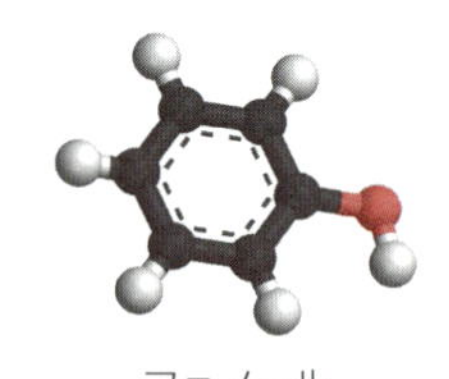

フェノール

フェノールを工業的に合成する方法として，クメン法が知られている（図 6-10）．このクメン法は，高校の化学の教科書にも載っているが，実はとても難しい転位反応が含まれている．

クメン法は図 6-10 に示したように，クメン（イソプロピルベンゼン）を原料にして数段階を経てフェノールを得る．まず，クメンを空気中で加熱することにより，酸素と反応させ，クメンヒドロペルオキシドを得る．これを希硫酸で処理して生成する中間体 A では，すぐに水分子が脱離するが，同時に，ベンゼンと炭素との結合が切れて，代わりにベンゼンと酸素との結合ができ

O_2　$H^{\oplus}$

クメン　クメンヒドロペルオキシド　中間体 A

酸素が炭素のあいだに入った（転位）

H_2O　H_2O

中間体 B　フェノール　アセトン

●図 6-10　フェノールの合成法（クメン法）

る．こうして生成する中間体Bは，ちょうどベンゼンと炭素との結合のあいだに酸素が移動したものになっている．中間体Bは，さらに水と反応し，最終生成物であるフェノールが得られる．この一連の過程において中間体Aから中間体Bへの反応は，酸素が位置を変えて炭素と炭素の結合のあいだに入ったことになるので転位反応である．転位反応は，分子を構成する原子の位置が変化して，別の分子になる反応のことをいう．位置を変えるから転位と覚えるとよいだろう．

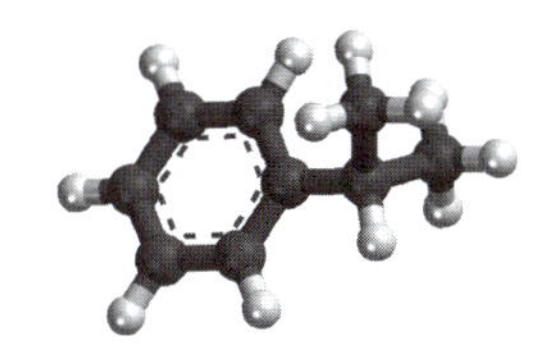
クメン（イソプロピルベンゼン）

6.4　いろいろな化学反応

6.3 節で述べたように，化学反応は電子の動き方に着目すると，ラジカル反応，極性反応（イオン反応）に分かれる．また反応のしくみでは，置換反応，付加反応，脱離反応，転位反応などにグループ分けできる．よく使われている有機化学の反応のほとんどは極性反応なので，電子に富んだ（rich）分子と電子が足りない（poor）分子を見分けて，置換反応，付加反応，脱離反応，転位反応の基本的なパターンを思い出しながら，電子の動きを追っていくと容易に理解することができる．これから基本的な化学反応について電子の動き方や反応のしくみを学んでいこう．

6.4.1　ハロゲン化合物に起こる反応

塩素や臭素などのハロゲンは，電気陰性度が高いので（表 3-1 参照），炭素とのσ結合では電子が偏り，ハロゲン側が電子に富んだ(rich)状態，炭素側は電子が足りない(poor)な状態になる．こうして生じる極性は，反応が起こるきっかけになる．とくに，このハロゲン化合物について興味深いのは，求核置換反応と脱離反応の両方が起こりうることである．図 6-11 に示すように両方の反応が同時に起こって 2 種類の生成物(A と B)が得られることがある．

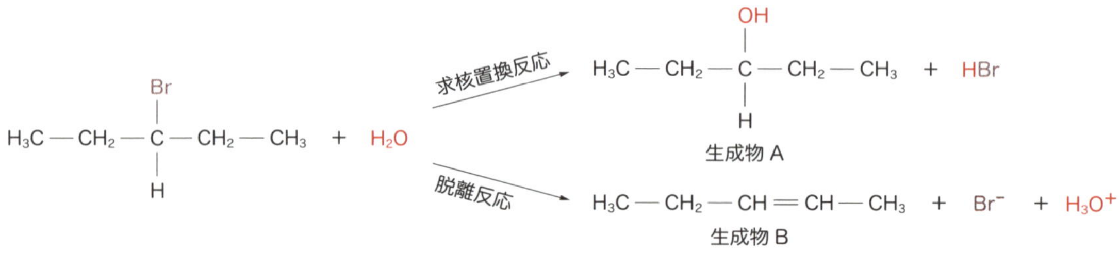

$H_3C-CH_2-CH(Br)-CH_2-CH_3 + H_2O$

求核置換反応 → $H_3C-CH_2-CH(OH)-CH_2-CH_3 + HBr$　生成物 A

脱離反応 → $H_3C-CH_2-CH=CH-CH_3 + Br^- + H_3O^+$　生成物 B

●図 6-11　求核置換反応と脱離反応が同時に起こる例

求核置換反応は，6.3.1 項で説明した置換反応に含まれる．図 6-11 の反応では，水(H_2O)が酸素上に非共有電子対をもち，電子に富んだ(rich)分子，すなわち求核剤として働く．一方，C−Br 結合の炭素は，電気陰性度の高い臭素と結合して電子が足りない(poor)ので，求核剤の攻撃を受けることになる．この電子の動きは，図 6-5 とまったく同じで，その結果，Br と OH が置換した生成物 A が得られる(図 6-12)．

一方，脱離反応は，6.3.3 項で説明した反応例と同様に，図 6-11 の反応では HBr が脱離して生成物 B を与える．この場合の電子の動きは，少し複雑である．図 6-13 に示したように，水は臭素が結合している炭素を攻撃する

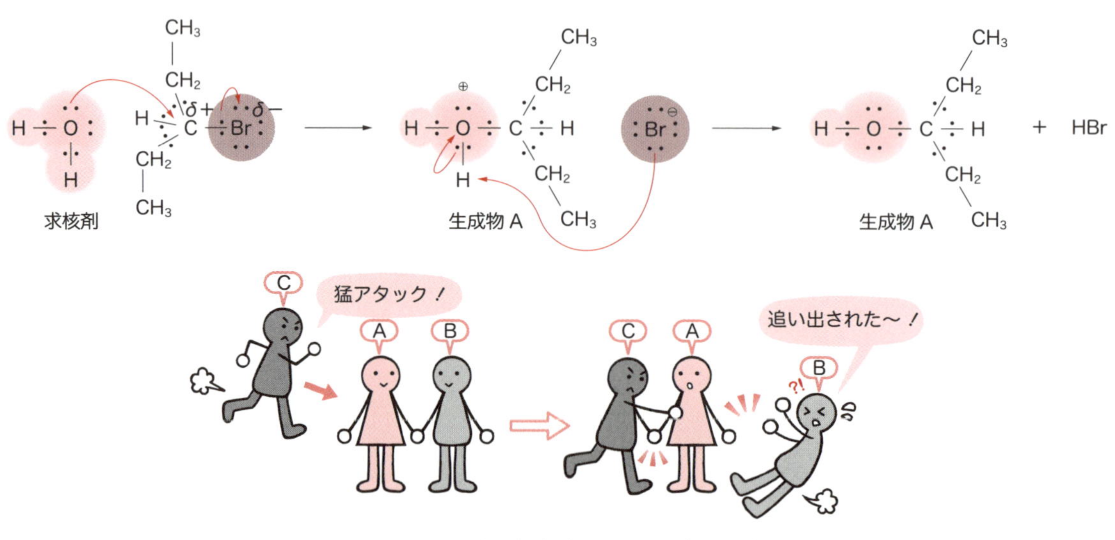

●図 6-12　ハロゲン化合物における求核置換反応

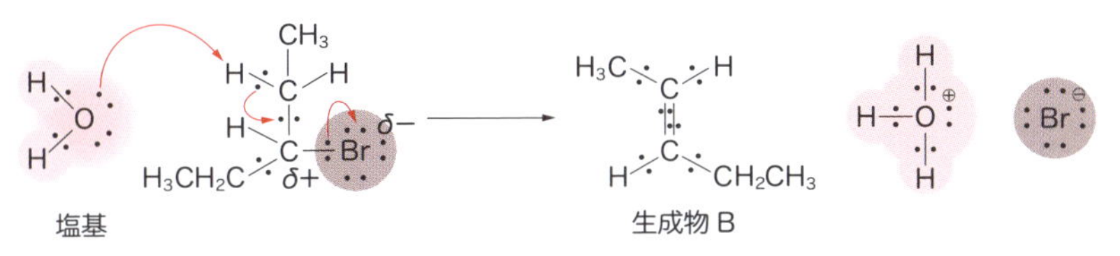

●図 6-13 ハロゲン化合物における脱離反応

のではなく，その隣の炭素に結合している水素を攻撃する．C−H 結合を形成していたσ結合の電子が隣の C−C 結合に動いて二重結合になると，C−Br 結合のσ結合の電子が Br へ動いて Br が脱離する．こうして生成物 B が得られる．結果的に水は，C−H 結合の H をプロトン(H^+)として奪ったことになるので，この場合，水は求核剤ではなく，塩基とよばれる．塩基と求核剤の違いについては 7 章で詳しく述べる．

6.4.2 アルケンに起こる反応

アルケンは二重結合をもつので，電子に富んだ(rich)分子として働き，電子が足りない(poor)分子を付加する付加反応が起こる．エチレンに臭素が付加する反応を例にあげる(図 6-14)．

エチレンはπ結合をもち，電子に富んだ(rich)分子であるので，エチレンから電子が動いて臭素と結合する．このとき，Br−Br の結合が切れると同時に三員環のブロモニウムイオン中間体が生成する．切り離されてできた Br^- は，電子に富んだ(rich)求核剤として働き，電気陰性度の高い臭素と結合して電子が足りない(poor)C−Br 結合の炭素を攻撃して，求核置換反応が起こる．その結果，三員環が開いて二つの臭素が結合したジブロモエタンが生成する．この反応は，アルケンに臭素が付加するという観点では付加反応であるが，電子の動きを追っていくと，途中のブロモニウムイオン中間体が開環する段階では求核置換反応を経ていることがわかる．

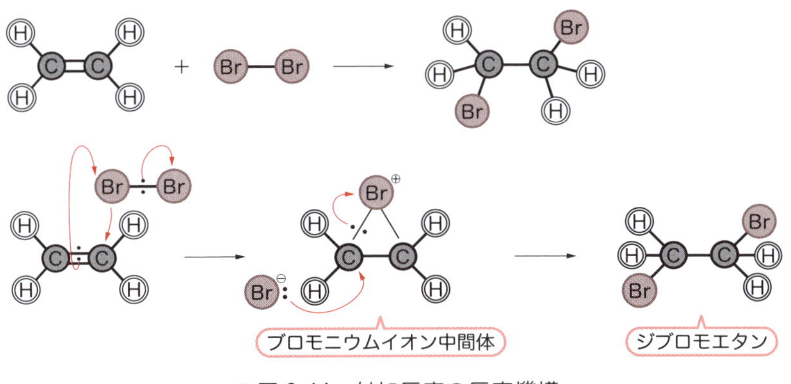

●図 6-14 付加反応の反応機構

6.4.3 芳香族に起こる反応

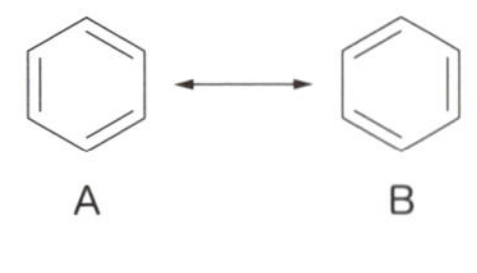

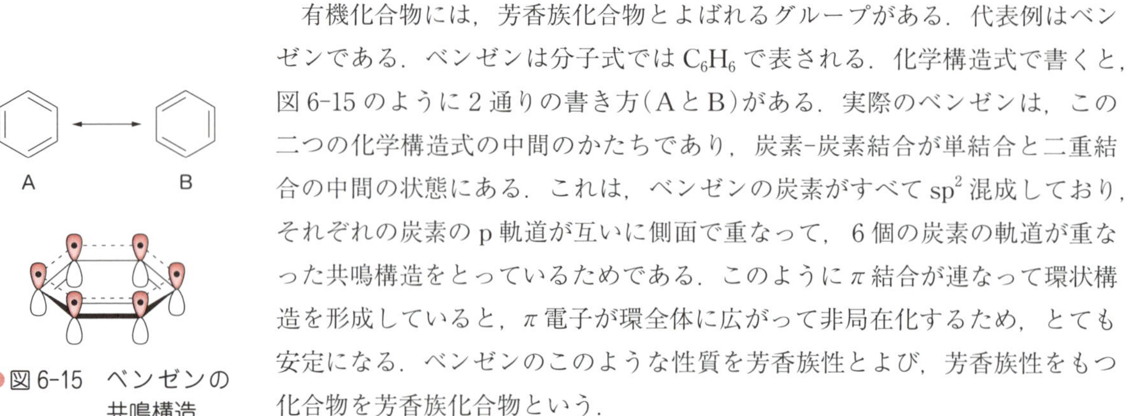

●図 6-15 ベンゼンの共鳴構造

有機化合物には，芳香族化合物とよばれるグループがある．代表例はベンゼンである．ベンゼンは分子式では C_6H_6 で表される．化学構造式で書くと，図 6-15 のように 2 通りの書き方（A と B）がある．実際のベンゼンは，この二つの化学構造式の中間のかたちであり，炭素-炭素結合が単結合と二重結合の中間の状態にある．これは，ベンゼンの炭素がすべて sp^2 混成しており，それぞれの炭素の p 軌道が互いに側面で重なって，6 個の炭素の軌道が重なった共鳴構造をとっているためである．このように π 結合が連なって環状構造を形成していると，π 電子が環全体に広がって非局在化するため，とても安定になる．ベンゼンのこのような性質を芳香族性とよび，芳香族性をもつ化合物を芳香族化合物という．

芳香族化合物は次の三つの特徴をすべて満たしている．① 環状の平面構造である，② 環を構成するすべての原子が p 軌道をもっている，③ p 軌道に存在する電子数の総和が $4n+2$（n は整数）である．芳香族化合物は種類が多く，図 6-16 に示したように，ベンゼン環が二つ連結したナフタレンや，窒素をもつもの（ピリジン，ピロール），または酸素をもつもの（フラン）などがある．

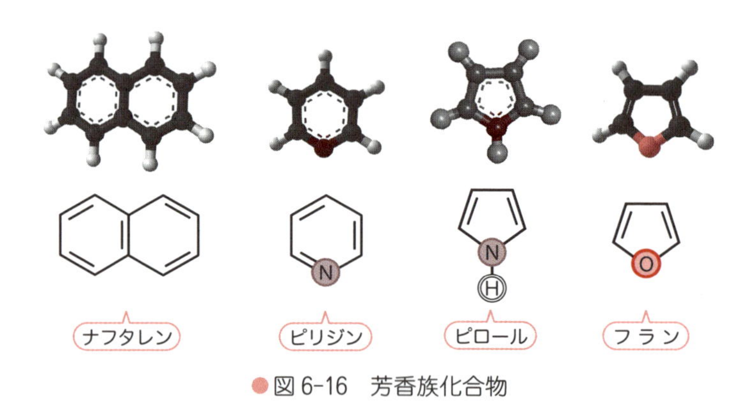

●図 6-16 芳香族化合物

電子に富んだ（rich）芳香族には，求電子置換反応が起こる．ベンゼンに臭素が置換する求電子置換反応を例にして考える（図 6-17）．

ベンゼンは電子に富んだ（rich）分子ではあるが，とても安定なので，臭素だけではこの反応は起こらない．これは，6.4.2 項で述べたアルケンの付加反応と大きく異なる点である．そこで，臭素の反応性を高めるために触媒として臭化鉄（$FeBr_3$）を加える．臭素が臭化鉄（$FeBr_3$）と反応し，電子が足りない（poor）状態になると，ようやくベンゼンの π 結合の電子が動いてつかまえにいく．こうして C−Br 結合が新たに形成されたカルボカチオン中間体が生成するが，この状態では，π 結合の電子が 2 個なくなっているので，芳

●図 6-17　芳香族化合物における求電子置換反応
Ⓔは求電子剤.

香族性は一時的に失われてしまう．そこでベンゼンは，ただちにC−H結合(σ結合)の電子2個をπ結合の電子として戻すことにする．すなわち，C−H結合の水素を切り離し，芳香族性を取り戻したブロモベンゼンとなって安定化するのである．この反応では，電子に富んだ(rich)分子であるベンゼンから曲がった矢印が出て，電子が足りない(poor)分子である臭素に届いている．よって，ベンゼンが求核剤で，臭素が求電子剤となる．求電子剤である臭素がベンゼンの水素と置き換わってブロモベンゼンが生成するため，求電子置換反応とよばれる．図6-14では，臭素が付加していたが，図6-17では，臭素が水素と置換していることに注意してほしい．アルケンと芳香族は，π結合をもっているという点では同じだが，化学反応性は大きく異なる．

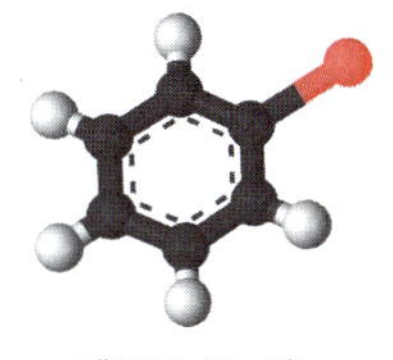
ブロモベンゼン

6.4.4　カルボン酸に起こる反応

カルボン酸は，カルボニル基(C=O)の先にヒドロキシ基(OH)をもっており，このヒドロキシ基(OH)がさまざまな官能基に置き換わる求核アシル置換反応が起こる．そのため，カルボン酸を基にして得られる誘導体も多く，カルボン酸誘導体とよばれる(詳しくは10章10.2節参照)．図6-18に示したように，カルボン酸誘導体のなかでもカルボン酸のヒドロキシ基(OH)がアルコール由来のアルコキシ基(OR)に置き換わったものはエステルとよばれる．また，アミン由来のアミノ基(NR_2)に置き換わったものはアミドとよばれる．

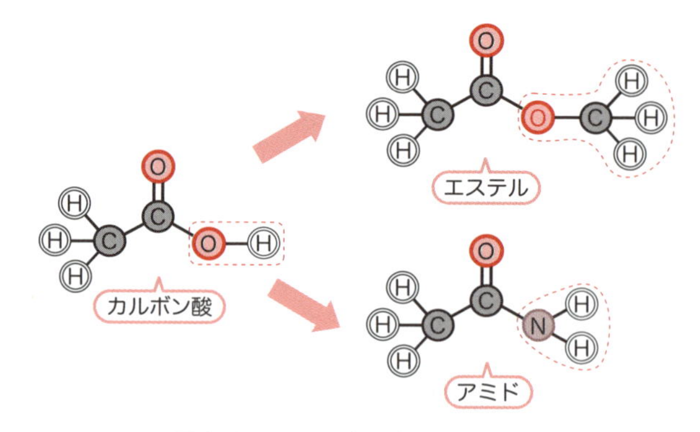

●図 6-18　カルボン酸で起こる反応

6.5　酸化反応と還元反応

最後に酸化反応と還元反応についてまとめる．簡単に定義するならば，酸化は「酸素が増える・水素が減る」ことであり，還元は「酸素が減る・水素が増える」ことである．多くの有機化合物で，酸化反応もしくは還元反応が起こる．

図 6-19 の式を左から右へ追ってみよう．アルコールを酸化すると，アルデヒドが得られる．この反応では，炭素に結合している水素が一つ減って，炭素と酸素が二重結合になったアルデヒドが得られるので，酸化反応と考える．アルデヒドをさらに酸化すると，カルボン酸が得られる．これも炭素に結合している水素が一つ減って代わりに OH の酸素が結合したカルボン酸が得られるので，酸素が増えたことになり，酸化反応となる．このような一連の酸化反応によってアルコールからアルデヒド，そしてカルボン酸が生成する．このとき，日本語の使い方に注意をしてほしい．「アルコールは酸化されてアルデヒドになる」「アルデヒドは酸化されてカルボン酸になる」などと受身形で表現するのが一般的である．

次に，図 6-19 の式を右から左へ追ってみると，カルボン酸からアルデヒ

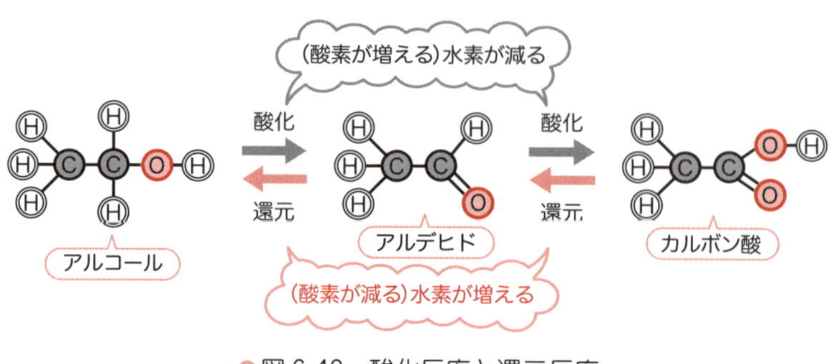

●図 6-19　酸化反応と還元反応

ドを経てアルコールが得られる一連のステップは，それぞれ還元反応であることがわかる．日本語では，「カルボン酸が還元されてアルデヒドになる」「アルデヒドが還元されてアルコールになる」などと表現する．このように左から右へ向かう反応と右から左へ向かう反応を比較すると，酸化反応と還元反応は，ちょうど表裏の関係にあることがよくわかるだろう．

また，これら酸化反応や還元反応で用いられる反応剤は，それぞれ，酸化剤，還元剤とよばれる．たとえば，アルコールが酸化されてアルデヒドが生成する反応で用いられるのは，酸化剤である．これは，反応剤はアルコールを酸化するから酸化剤，と覚えればよい．逆に，アルデヒドが還元されてアルコールが生成する反応で用いられるのは，還元剤である．これも，反応剤はアルデヒドを還元するから還元剤，と覚えればよい．

もう一つの例として炭化水素の酸化反応と還元反応を説明する．

炭化水素の場合は，酸素が含まれていないので，単純に水素の増減を追えば，酸化反応および還元反応を確認することができる．図 6-20 に示したように，アルカンからアルケンが得られる反応は水素の数が減るので酸化反応であり，アルケンからアルキンが得られる反応も水素の数が減るので，酸化反応になる．

酸化反応と還元反応は，これまで述べてきたいろいろな反応を含む，少し大きな枠組みと考えるほうが正しいだろう．それぞれの反応は付加反応であったり，置換反応であったりするが，見方を変えて，酸素(水素)が増えたか，減ったか，という観点で見るならば，酸化反応もしくは還元反応とよばれることになる．

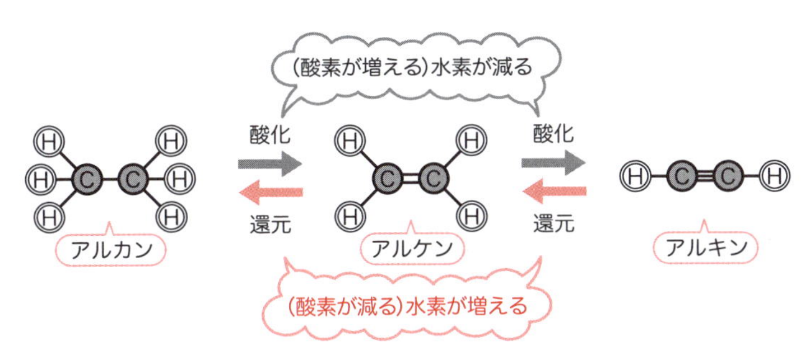

●図 6-20　炭化水素の酸化反応および還元反応

章末問題

（1）エタンがラジカル反応によってメチルラジカルになる反応を電子の動きを表す矢印を使って説明せよ．

（2）次の反応（a）～（d）のうち，置換反応はどれか．

(a) $CH_3Br + OH^{\ominus} \longrightarrow CH_3OH + Br^{\ominus}$

(b) ベンゼン $\xrightarrow{Br_2,\ FeBr_3}$ ブロモベンゼン（Br） $+ FeBr_3 + HBr$

(c) シクロヘキセン $\xrightarrow{H_2,\ Pt}$ シクロヘキサン

(d) $(H_3C)_2CH-C(Cl)(CH_3)_2 \longrightarrow (H_3C)_2C=C(CH_3)_2 + HCl$

（3）フィッシャーのエステル化反応は平衡反応である．エステルが得られる量（収率）を上げるためには，どのような工夫をすればよいか．

Chapter 7

酸と塩基

これまで，酸・塩基について，小学生のころから何度も学んできたと思う．物質全体において，酸性・塩基性という性質はたいへん重要であるが，電子の動きを重視する有機化学では，酸性や塩基性を考えるときでも，電子対の動きを基本として考えることが多い．したがって，これまでの酸・塩基の概念が少し変わることになるかもしれない．より深い学習を助けることになるので，ここでは有機化学における酸・塩基を考えてみよう．

7.1 酸・塩基の定義

同じ濃度の塩酸（HCl の水溶液）と水酸化ナトリウム（NaOH）の水溶液を等しい量混ぜると，酸と塩基が中和して水が生じる．このとき，HCl は，H^+（プロトン）を出すから酸であり，NaOH は水酸化物イオン（OH^-）を出すから塩基と考えられる．このように，プロトン（H^+）を出すものを酸，水酸化物イオン（OH^-）を出すものを塩基とする酸・塩基の定義をアレニウスの定義という（図 7-1）．

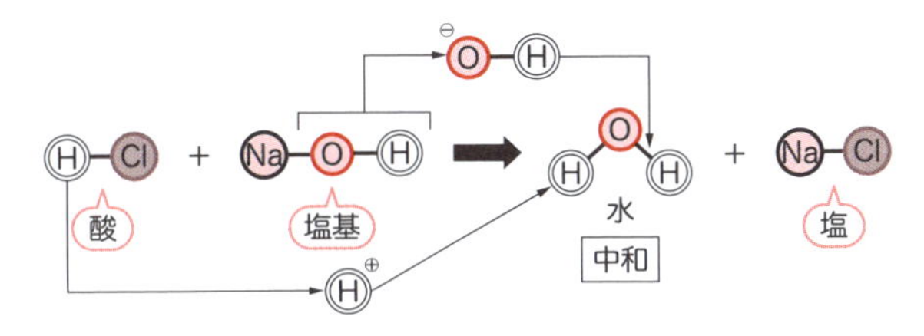

●図 7-1　アレニウスによる酸・塩基の定義

アレニウスの定義では，塩基が水酸化物イオン（OH^-）を出すものに限られてしまうので，実際の有機化合物の酸性と塩基性を説明するのは難しい．そこで，より広い定義として，ブレンステッド-ローリーの定義が考えられた（図 7-2）．

アレニウス

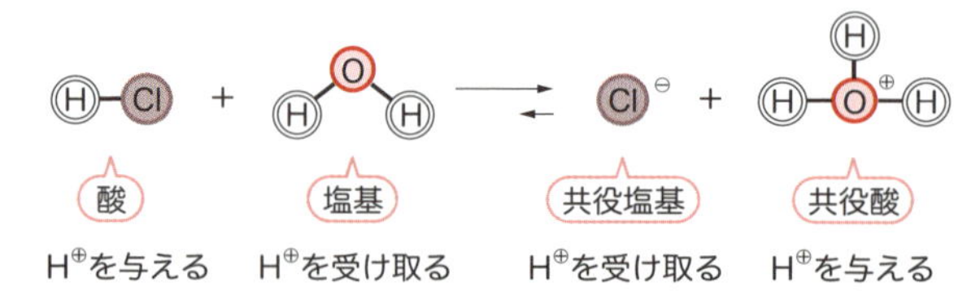

●図 7-2　ブレンステッド-ローリーによる酸・塩基の定義

ブレンステッド

ローリー

この定義では，プロトン(H^+)を与えるものを酸，プロトン(H^+)を受け取るものを塩基とする．図 7-2 に示したように，HCl を水に溶かすと，ただちに水(H_2O)と反応し，左辺から右辺の反応が起こる．このとき，HCl は水(H_2O)に H^+ を与え，水(H_2O)は H^+ を受け取るので，HCl は酸，水(H_2O)は塩基となる．この反応は平衡反応なので，右辺から左辺に向かう反応も割合は少ないが起こっている．

右辺には H−Cl から H^+ を失ってできた Cl^- と H^+ を受け取ってできた H_3O^+ があるが，右辺から左辺に向かう場合，Cl^- は H^+ を受け取るので塩基と考えられ，HCl の共役塩基とよばれる．一方，H_3O^+ は H^+ を与えるので酸と考えられ，水(H_2O)の共役酸とよばれる．有機化合物について酸性・塩基性を考えるとき，このブレンステッド-ローリーの定義が最もわかりやすいが，さらに広い定義が必要な場合もあるので，補足としてルイスの酸・塩基の定義についても説明しておく(図 7-3)．

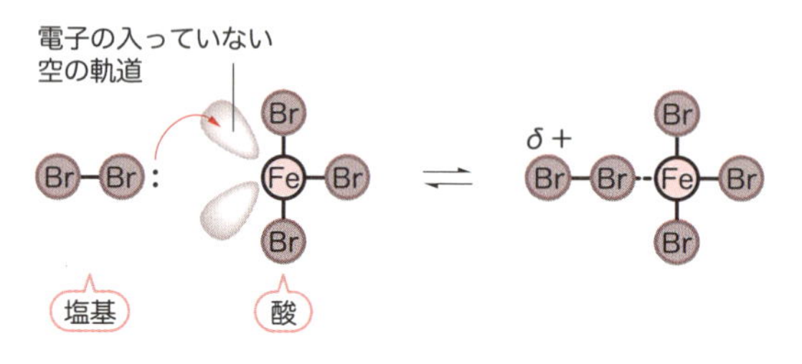

●図 7-3　ルイスによる酸・塩基の定義

ルイス

ルイスの定義によると，電子を与えるものが塩基，電子を受け取るものが酸となる．図 7-3 では，6.4.3 項(図 6-17)において臭素を活性化するために加えられた臭化鉄($FeBr_3$)の働きをルイスの酸および塩基の観点から表した．臭化鉄($FeBr_3$)の鉄には電子の入っていない軌道があり，電子に富んだ臭素から電子を受け入れる．一方，臭素は，電子を臭化鉄($FeBr_3$)に与えるので電子不足となって反応が起こりやすくなる．

ルイスの定義によれば，この場合の臭素と臭化鉄($FeBr_3$)は，臭素が電子を与えるので塩基，臭化鉄($FeBr_3$)は電子を受け取るので酸になる．有機化学反応は電子の動きが基本であり，これまでの二つの定義に比べてルイスの酸と塩基の定義は汎用性が高い．しかし，図 7-3 のような臭素と臭化鉄($FeBr_3$)を塩基と酸といわれても，普段の生活で培った酸と塩基というイメージからはかけ離れているように感じるだろう．実際，初学者には，酸・塩基を考えるときには，プロトン(H^+)の授受を考えるブレンステッド-ローリーの定義がわかりやすいと思う．この本では，ブレンステッド-ローリーの定義に基づいて酸と塩基を考える．

7.2　酸の強さ（酸性度）

7.1 節で学んだブレンステッド-ローリーの定義に基づけば，有機化合物が酸性を示すとき，その有機化合物はプロトン(H^+)を与える性質がある，ということになる．身近な酸性物質として図 7-2 では，塩化水素(HCl)を取りあげた．もう一度，この図を見てみよう．左辺から右辺に向かう反応式の矢印のほうが，右辺から左辺に向かう反応式の矢印よりも長くなっていて，平衡が右に偏っていることがわかる．これは，H−Cl がプロトン(H^+)を与えて共役塩基である Cl^- になりやすい，すなわち酸性が高いことを示している．このような平衡の偏りの度合いを酸解離定数 K_a で表す．

酸解離定数 K_a は，右辺の共役酸の濃度(mol/L)と共役塩基の濃度(mol/L)をかけあわせたものを左辺の酸の濃度(mol/L)で割って得られる値である．右辺の共役酸の濃度(mol/L)と共役塩基の濃度(mol/L)が高いほど大きい値になる．つまり，酸解離定数 K_a が大きいほど酸性が強い物質であるとわかる．

私たちのまわりには多くの有機化合物が存在しているが，それぞれのもつ酸解離定数 K_a は，10^{-60} から 10^{15} と幅広いため，酸解離定数 K_a を使って有機化合物の酸性度を比較するのは現実的ではない．そこで，常用対数を用いて $-\log K_a$ の値を比較して酸性度の高低を決めることとし，この $-\log K_a$ を pK_a と名づけた〔式(7.1)〕．

$$
\begin{aligned}
pK_a &= -\log K_a \\
&= -\log \{(\text{共役酸の濃度}) \times (\text{共役塩基の濃度})\}/(\text{酸の濃度})
\end{aligned}
\tag{7.1}
$$

式(7.1)からも理解できるように，K_a が大きい（酸性度が高い）ものは，pK_a の値が小さい．逆に，K_a が小さい（酸性度が低い）ものは，pK_a の値が大きい．pK_a の値は，それぞれの物質に固有であり，この値をもとにして有機化合物の酸性度を比較することができる（表 7-1）．

たとえば，塩化水素(HCl)の pK_a は −7 である．一方，酢酸(CH_3COOH)の pK_a は 4.7，フェノール(C_6H_5OH)の pK_a は 10.0，メタノール(CH_3OH)の

●表 7-1　おもな酸あるいは共役酸の pK_a 値

	酸（あるいは共役酸）	pK_a
強い酸	HI	−10
	HBr	−9
	HCl	−7
	H_2SO_4	−5.2
	H_3O^+	−1.7
	HF	3.2
	C_6H_5COOH	4.2
	CH_3COOH	4.7
	H_2CO_3	6.4
	NH_4^+	9.2
	C_6H_5OH	10.0
	CH_3SH	10.0
	HCO_3^-	10.3
	$CH_3NH_3^+$	10.6
	CH_3OH	15.2
	H_2O	15.7
	NH_3	38
弱い酸	CH_4	48

pK_a は 15.2 である．pK_a の値から，塩化水素が最も酸性度が高く，続いて酢酸，フェノール，メタノールの順に酸性度が低くなることがわかる．有機化合物の酸性度は，一般的にカルボン酸が高く，次にフェノール類，そしてアルコールの順になる．

pK_a は，常用対数を用いているので，pK_a の値で 1 の差がある場合，酸性度は 10 倍の差があるといえる．酢酸とフェノールを比較すると，pK_a の値で差が 5.3 なので，酸性度は 10^5 倍余の差があることになる．

有機化合物によってこんなに大きく酸性度が違うのはなぜだろう．有機化合物の酸性の強さをもたらす要因は，プロトン(H^+)を出したあとに生成する共役塩基の安定性である．たとえば，トリフルオロメタノール(CF_3OH)とメタノール(CH_3OH)の酸性度を比較してみよう(図 7-4)．

図 7-4 に示したように，トリフルオロメタノール(CF_3OH)は，メタノール(CH_3OH)より酸性度が高い．理由は，トリフルオロメタノールの共役塩基のほうがメタノールの共役塩基より安定だからである．もちろん，それぞれの共役塩基は，負の電荷を帯びているので，元のトリフルオロメタノールやメタノールと比べれば安定性は低い．問題は，共役塩基どうしを比較したときの安定性である．トリフルオロメタノール(CF_3OH)の共役塩基は，電気陰性度の高いフッ素が結合している炭素の側に電子を引っ張ろうとする傾向がある．したがって，酸素上の負の電荷は，いくぶんなりとも CF_3 のほうへ動くため酸素上にある電子が減る．これは，負の電荷を減らすことになって，安定性に寄与する．一方で，メタノール(CH_3OH)の共役塩基では，酸素上にある電子を他に引っ張ってもらえず，電荷のバランスが崩れた状態は改

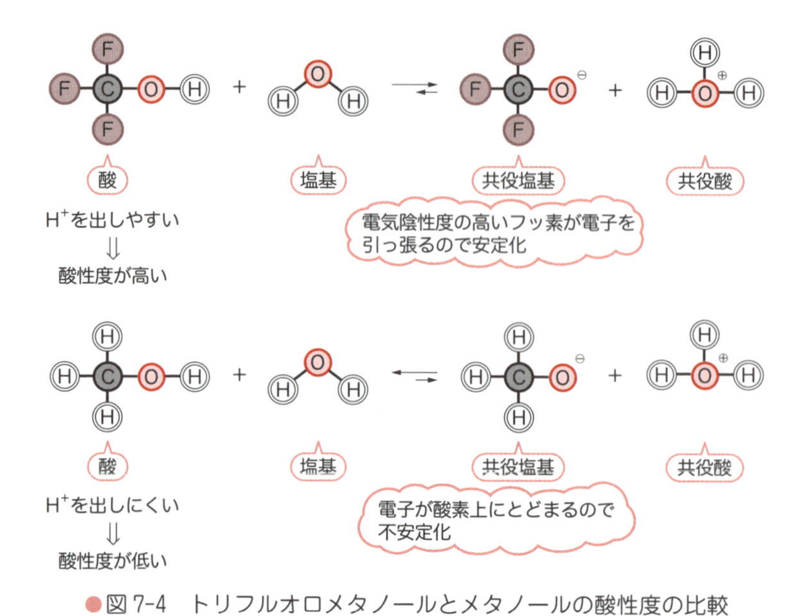

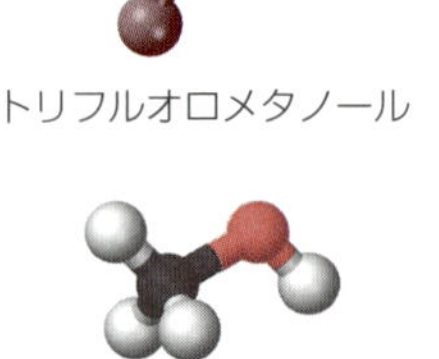

●図 7-4 トリフルオロメタノールとメタノールの酸性度の比較

善されない．そのため，共役塩基は不安定な状態になる．

このように，共役塩基の安定性を比べた場合，トリフルオロメタノール(CF_3OH)のほうが安定性は高いので，プロトン(H^+)を放出しやすい，すなわち酸性度が高くなる．有機化合物の酸性度は，プロトン(H^+)を失った共役塩基のかたちになったとき，負電荷をもつ原子について電子の状態がどのようになっているか(電子がその場に留まっているか)で決まる．

7.3　塩基の強さ(塩基性度)

ブレンステッド-ローリーの定義に基づいて酸性・塩基性を考えるとき，アミンはプロトン(H^+)を受け取る性質(塩基性)の強い物質として重要視される．これはアミンの窒素原子に存在する非共有電子対がプロトン(H^+)を受け取ることができるからである．アミン(NR_3)の代表例としてアンモニア(NH_3)について塩基性を考えよう．

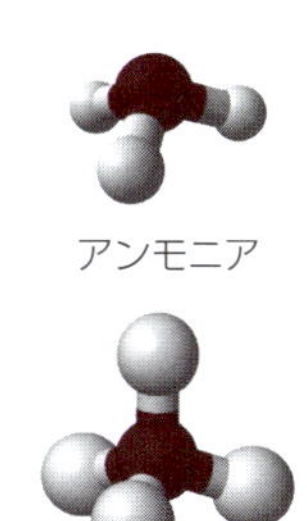

アンモニア(NH_3)を水(H_2O)に溶かすと，水(H_2O)のプロトン(H^+)を受け取り，アンモニウムイオン(NH_4^+)になる．一方で水は，水酸化物イオン(OH^-)になる．図 7-5 に示したように，この場合，アンモニア(NH_3)が塩基で水(H_2O)が酸として働く．また，アンモニウムイオン(NH_4^+)がアンモニアの共役酸で，水酸化物イオン(OH^-)が水の共役塩基となる．この図 7-5 の式は，これまでの酸性を考えてきた式(図 7-2 や図 7-4)とまったく変わらないが，ここでの主役は塩基であり，プロトン(H^+)をどれだけ受け取りやすいか，という観点でこの反応式を眺めなければならない．

これまで，酸がプロトン(H^+)を与えるという見方をしてきたのに，どうやって見方を変えたらよいだろう？　そのためには，ちょうど逆の視点で反応式をとらえればよい．すなわち左辺から右辺ではなく，右辺から左辺に向かう反応として反応を見直すのである．こうやって視点を変えると，この反応は，アンモニウムイオン(NH_4^+)がプロトン(H^+)を水酸化物イオン(OH^-)に与える反応ととらえることができる．右辺から左辺へ向かう反応では，アンモニウムイオン(NH_4^+)は酸(共役酸)として働くので，酸性の強さを考えるのは，これまでと同じやり方でよい．すなわち，アンモニアの共役酸であ

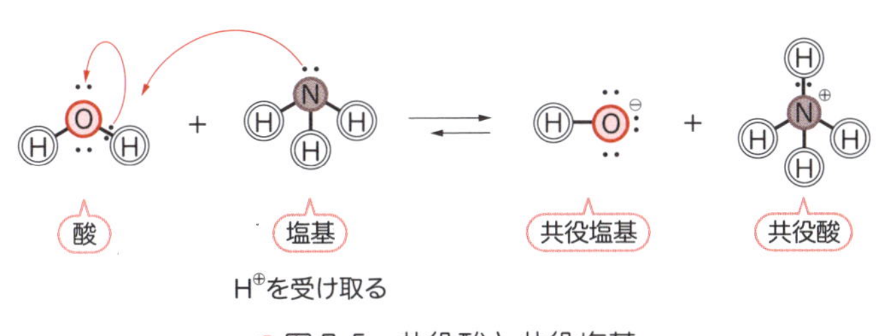

図 7-5　共役酸と共役塩基

pK_a と pH の区別はしっかりできるようにしておこう！

pK_a は化合物固有の値であり，有機化学では化合物の酸性度を pK_a を用いて表す．しかし，私たちの日常生活では，酸性度を pH を用いて表すことが多い．両者の区別は明確にしておくべきである．pH は，水溶液中の水素イオンの濃度を示す．pH が 7 より小さければ酸性になり，7 より大きければ塩基性になる．

ここで気をつけなければならないのは，pH は水素イオンの濃度を元にしている値なので，水溶液の濃度が変われば，当然 pH も変わるということである．500 mL の塩酸の pH を測定したあとに，これを濃縮し，改めて塩酸の pH を測定すれば pH が変化していることがわかるだろう．これに対して，pK_a は化合物固有なので，常に一定の値である．pK_a と pH を上手に使いこなすためには，pK_a と pH の関連性を簡単に理解しておけばよい．たとえば pK_a7 の化合物は，pH7 の水溶液中ではプロトン(H^+)を解離したイオンの状態と元の分子の状態がだいたい半分ずつになるはずである．

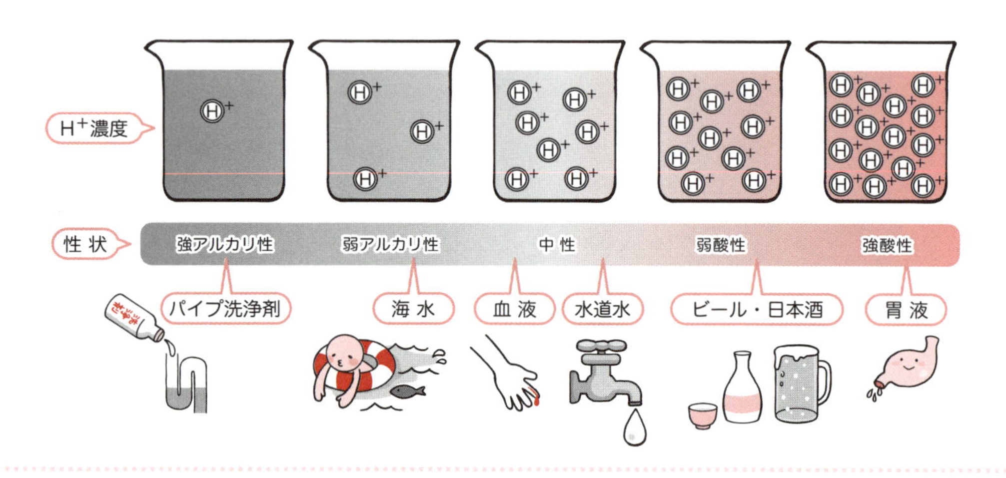

るアンモニウムイオン(NH_4^+)の酸性度を元にしてアンモニアの塩基性度を考えることができる．

アンモニア(NH_3)が強い塩基であるならば，せっかく得たプロトン(H^+)を容易には手放したくないはずである．したがって，アンモニアがプロトン(H^+)を結合してできた共役酸であるアンモニウムイオン(NH_4^+)がプロトン(H^+)を水酸化物イオン(OH^-)に与える反応は起こりにくいことになる．よって，アンモニウムイオン(NH_4^+)の酸性度は低いはずである．このような考え方をまとめると次のようにいうことができる．酸性度の低い(pK_a の値が大きい)共役酸を与えるアミンは，塩基性が強い．つまり，有機化合物の塩基性度は，その共役酸の酸性度(pK_a)を用いて知ることができる．

では，実際に塩基性度の違いを共役酸の酸性度の違いとして考えてみよう．

アンモニア(NH_3)とメチルアミン(CH_3NH_2)の塩基性の強さを比較すると，図 7-6 に示したように，それぞれの共役酸の pK_a が 9.2 と 10.6 であること

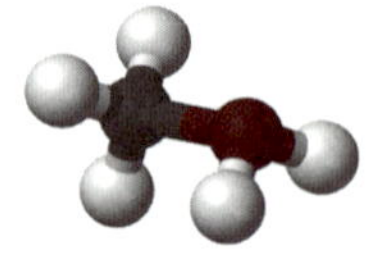
メチルアミン

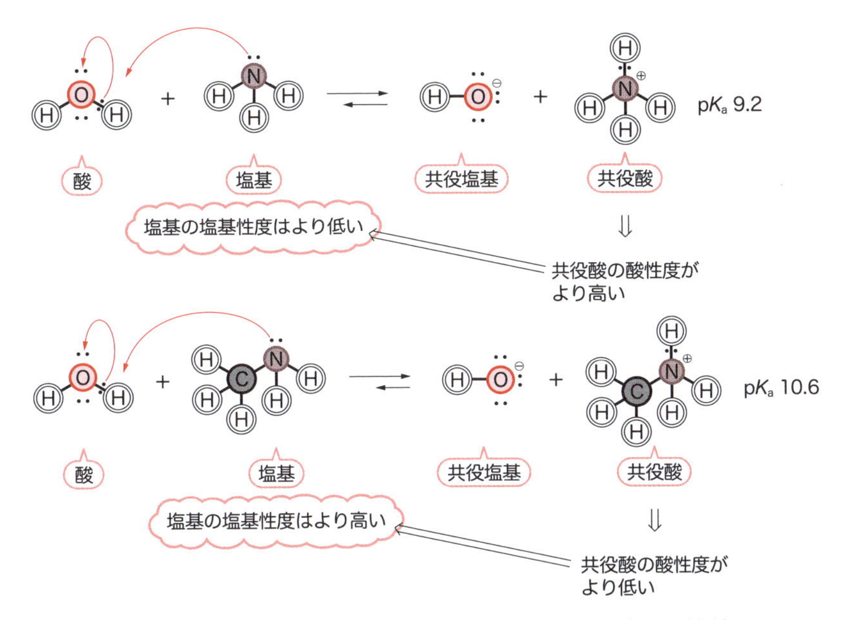

●図 7-6　アンモニアとメチルアミンの塩基性の強さの比較

がわかる．このことから，メチルアミンの共役酸のほうが，アンモニアの共役酸よりも酸性度が低いと考えられる．先に述べたように，共役酸の酸性度が低いほど，元のアミンの塩基性度は高いので，メチルアミンのほうが塩基性度は高い．塩基性度を考えるときにいったん共役酸の酸性度として考えるのは億劫かもしれないが，一つの指標（pK_a）ですべての物質について酸性度と塩基性度を考えられるので，慣れてしまえば pK_a が使いやすいことがわかるだろう．

次に，アンモニア（NH_3）とメチルアミン（CH_3NH_2）の塩基性度に差が出た理由を考えよう．アミンの塩基性は，窒素上にある非共有電子対の電子が存在する割合（電子密度）が大きいほうが塩基性は強くなる．

図 7-7 に示したように，メチルアミン（CH_3NH_2）は，アンモニアの水素がメチル基に置き換わった分子である．メチル基の H－C 結合をよく眺めると，電気陰性度がより低い水素から，より高い炭素のほうに H－C 結合の電子が偏っていることがわかる．つまり，メチル基の炭素には 3 方向から電子が流れ込み，それらの電子の流れの総和が C－N 結合に向かって集中していることになる．

このようにメチル基の炭素から結合する相手に電子が流れ込む効果を電子供与性とよぶ．メチルアミンは，電子供与性のメチル基が窒素に結合しており，水素のみが結合しているアンモニアと比較すると，窒素への電子の流れ込みが多いことがわかる．これが窒素上の非共有電子対の電子密度を高くし，塩基性を強くする要因である（図 7-7）．

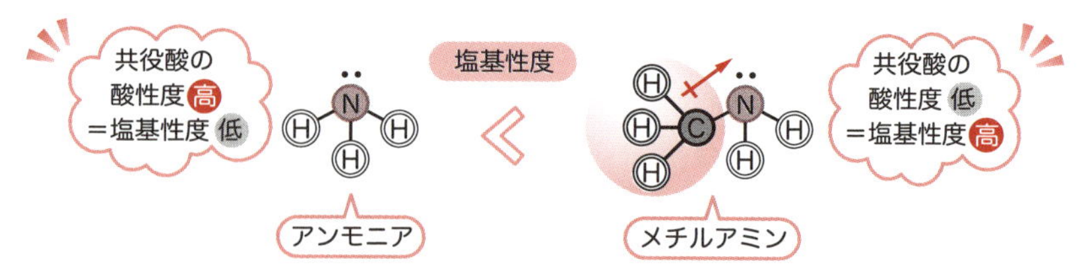

●図 7-7 アンモニアとメチルアミンの塩基性度の異なる要因

7.4 酸と塩基の役割

これまで酸と塩基についてブレンステッド-ローリーの定義に基づいて考えてきた．ここで，図 7-2 と図 7-5 を見直してみよう．これら二つの図では，水(H_2O)の役割が異なっていることがわかるだろう．塩化水素(HCl)に対して水(H_2O)はプロトン(H^+)を受け取るので塩基である．しかし，同じ水がアンモニア(NH_3)に対してはプロトン(H^+)を与えているので酸である．

水は，相手によってその役割を変えている(図 7-8)．要するに，酸性・塩基性という性質は，反応する相手が自分よりもプロトン(H^+)をほしがっているかどうかによって変わってくるもので，常に相手次第と考えるべきである．同じ物質が，あるときは酸として働き，あるときは塩基として働くということはよくあるので注意しなければならない(図 7-8)．

また，とくに塩基について忘れてならないのは，求核剤との違いである．すでに 6.4.1 項で述べたように，同じ水(H_2O)がカルボカチオンを求核攻撃するときには求核剤とよばれ，プロトン(H^+)を攻撃している場合には塩基とよばれる．図 7-8(a)のようにプロトン(H^+)を攻撃している場合は，ちょうど酸と塩基の反応にあたるため，水の役割を塩基ととらえるべきである．電子の動き方としては同じなので，塩基と求核剤という使い分けは，単なる言葉の使い分けに過ぎないが，反応としては，大きく異なってくるので，確実に使い分けられるようにしたい(図 7-9)．

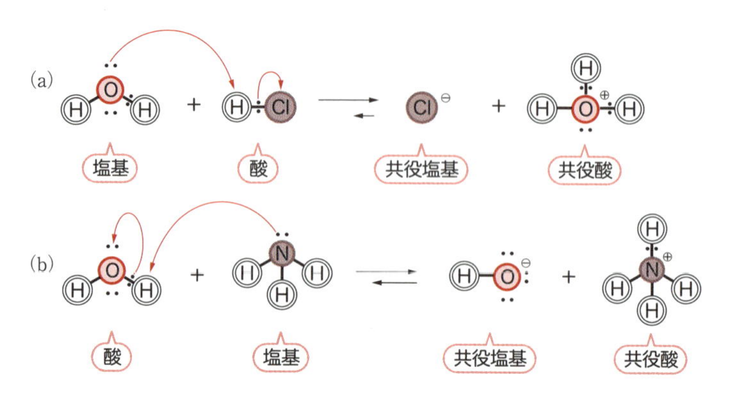

●図 7-8 水の塩基としての性質(a)と酸としての性質(b)

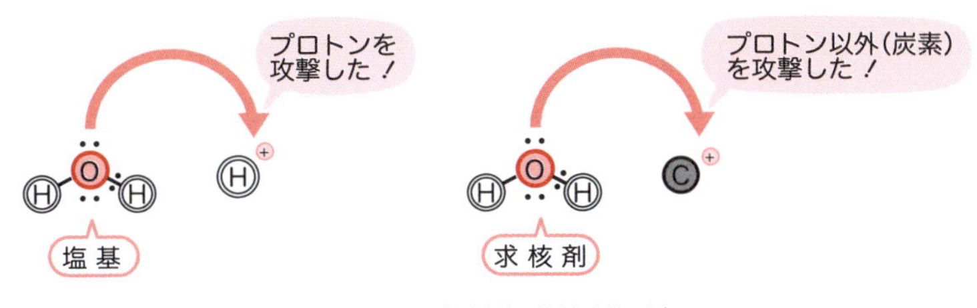

●図 7-9　塩基と求核剤の違い

章末問題

(1) 次の化合物(a)～(f)のうち，ブレンステッド-ローリーの定義によって酸になりうるものを選べ．

(a) HCl　(b) H_2O　(c) BF_3

(d) $FeCl_3$　(e) CH_3CH_2OH

(f) $AlCl_3$

(2) ジメチルアミンがメチルアミンより塩基性度が高い理由を説明せよ．

(3) 次の反応式では，ジイソプロピルアミンがブチルリチウムと反応し，リチウムジイソプロピルアミドが生成する．この反応において酸として働いているのはどれか？

NH（ジイソプロピルアミン） $\xrightarrow{CH_3CH_2CH_2CH_2Li \text{ ブチルリチウム}}$

$N^{\ominus}$ $Li^{\oplus}$（リチウムジイソプロピルアミド） ＋ $CH_3CH_2CH_2CH_3$（ブタン）

Chapter 8

アルコールおよびエーテル

8.1 アルコール，フェノール，チオールの構造と性質

脂肪族アルコールについては，メタノールの置換体と考え，水素原子の一つが置換されたものを第一級アルコール，二つが置換されたものを第二級アルコール，水素原子のすべてが置換されたものを第三級アルコールという．また，ベンゼンの水素原子の一つがヒドロキシ基（−OH）に置換された構造をもつものをフェノールという．さらに，アルコールの酸素原子の一つが硫黄原子に置き換わったものをチオールといい，メタンチオールやチオフェノールなどがある．

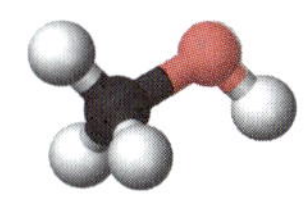
メタノール

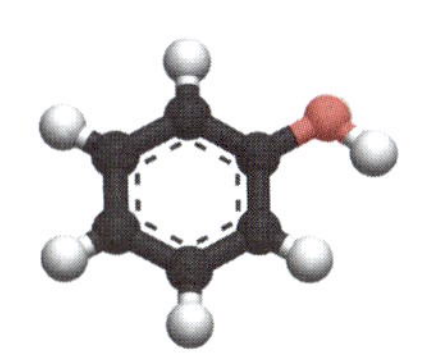
フェノール

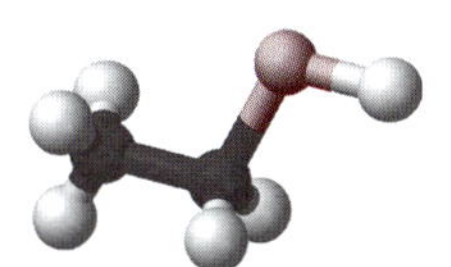
メタンチオール

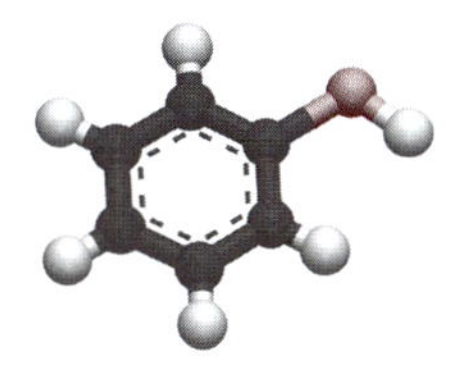
チオフェノール

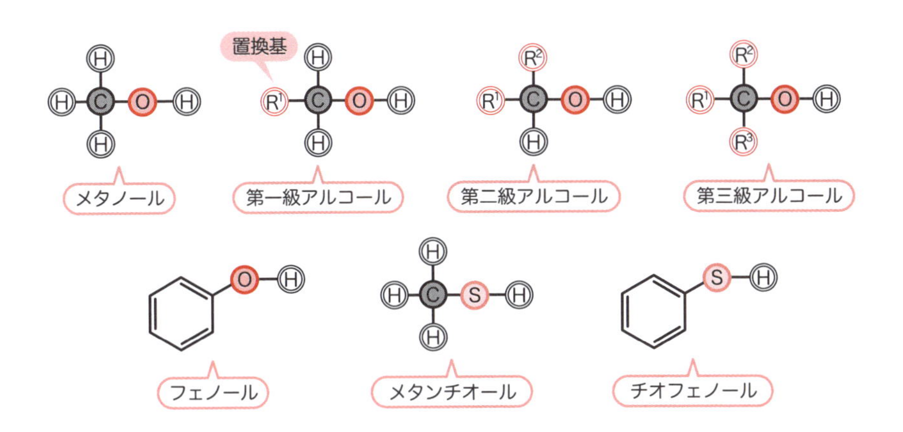

8.2 水素結合と水溶性

アルコールのもつヒドロキシ基（−OH）に含まれる酸素原子，水素原子の電気陰性度（表 3-1）はそれぞれ 3.5，2.1 で，その差は 1.4 である．したがって，酸素-水素結合の共有電子対は，酸素原子に引きつけられている．その結果，水素原子は電子不足（構造のなかで電子が乏しい部分を $\delta+$ で示す）に

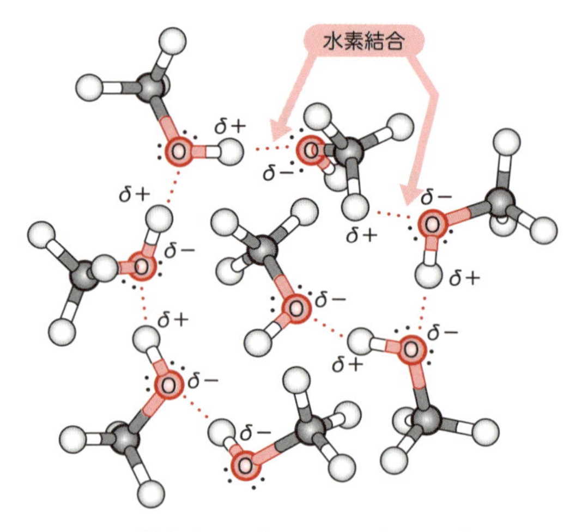

●図 8-1 メタノールの水素結合

なる．ここにもう 1 分子のアルコールの酸素(構造のなかで電子に富む部分を δ− で示す)の非共有電子対が近づくと，互いに引きあって分子間で弱い結合をつくる(図 8-1)．これを水素結合といい，アルコールが示す分子間相互作用の典型である．水素結合の定義は，一般的に「電子不足の水素原子に，電子が豊富なほかの原子の非共有電子対から電子が供与され安定化する現象」と拡張される．

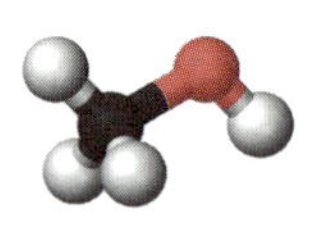
メタノール

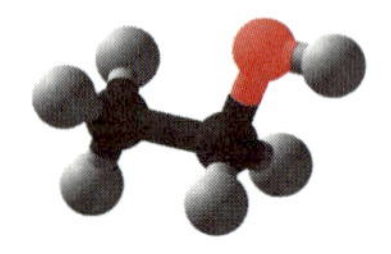
エタノール

液体の状態のアルコールは，このように分子間で水素結合しているので，気体になるときには，水素結合による結びつきを切って分子をばらばらにする必要がある．そのためアルコールが気化するときには，より大きなエネルギーが必要となり，沸点は比較的高くなる．アルコールのヒドロキシ基(−OH)が δ+ および δ− で示される電子の偏り(極性)をもっていることは，同じように電子の偏りをもつ水に溶けやすいという性質につながる．同様に，極性をもつカルボン酸も水に溶けやすい．分子は，δ+ および δ− で示される電子の偏りの大きい部分構造が電子の偏りの小さい(非極性な)部分構造に勝ると水溶性を示す．たとえば，炭素数が少ないアルコールであるメタノールやエタノールは極性が大きく，水溶性を示す．

8.3 アルコールおよびフェノールの酸性

メタノールの pK_a は 15.2，エタノールの pK_a は 16.0 なので，その酸性度は水(pK_a は 15.7)と同じくらいである(表 7-1)．すなわち，一般的にアルコールはきわめて弱い酸であり，プロトンを解離している割合は少ない(図 8-2)．これに対し，フェノールは pK_a 10.0 なので，酸性がより強く，水酸化ナトリウム水溶液と反応してナトリウムフェノキシドが生じ，水に溶ける．フェノールの酸性が強いのはプロトンを放出したフェノキシドイオンが，図 8-3 に

●図 8-2 アルコールの解離

示すように共鳴安定化するためである.

フェノキシドイオンでは，酸素に由来する非共有電子対がベンゼン環に流れ込み，六員環上をぐるぐると動き回ることができる．このように，電子がより広い範囲に「遊びにいける＝非局在化する」ので安定化(これを共鳴安定化という)するのである.

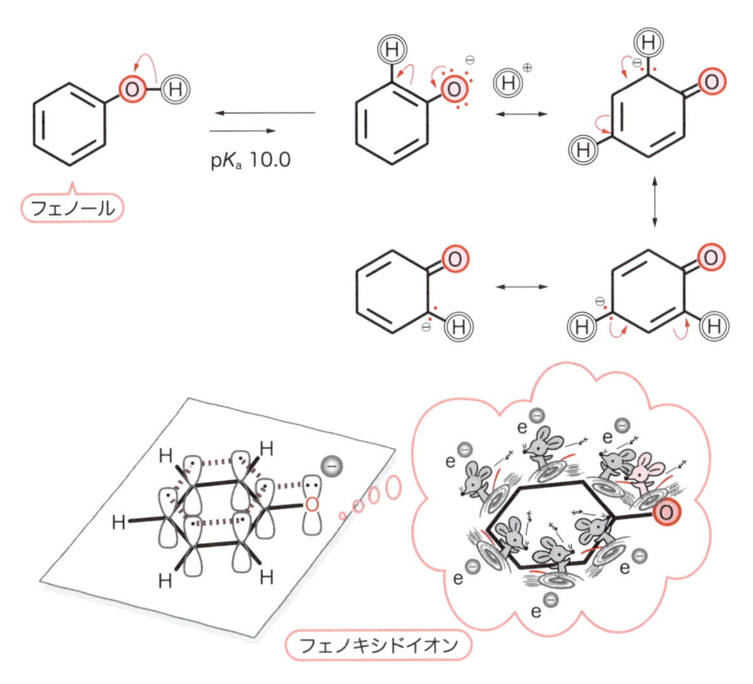

●図 8-3 フェノキシドイオンの共鳴安定化

8.4 アルコールの酸化反応と脱離反応

アルコールは酸化剤によって酸化される．第一級アルコールが酸化されるとアルデヒドになる．また，第二級アルコールが酸化されるとケトンになる．これらの反応では，酸化剤と反応することによって結果的に水が脱離している(図 8-4)．一方，第三級アルコールでは，ヒドロキシ基が結合している炭素に水素が結合していないので，脱水しない．一般的に，第三級アルコールでは酸化反応は進まない.

次に，第三級アルコールに特徴的な脱離反応について取りあげる．第三級

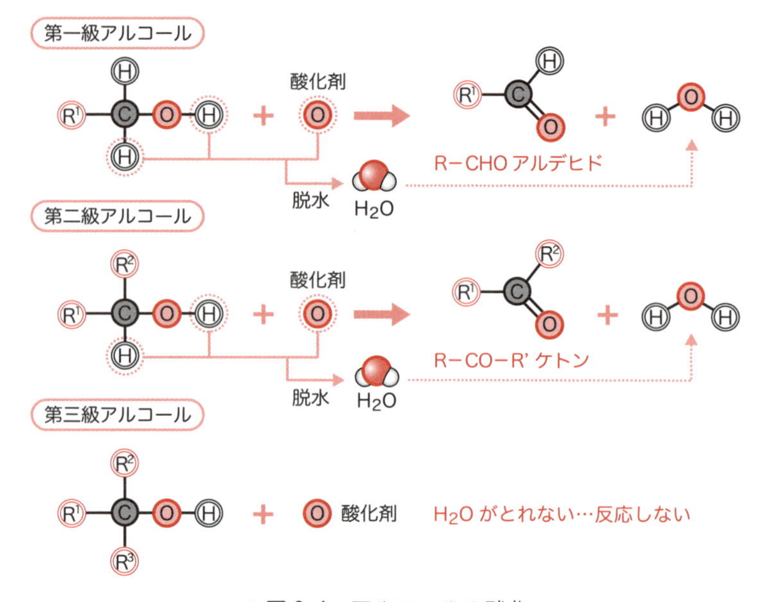

●図 8-4 アルコールの酸化

アルコールを酸性にすると，ヒドロキシ基がプロトン化され，酸素上に電子の足りない状態が生じる．その結果，電子が足りなくなった酸素は炭素と酸素をつないでいる σ 結合の二つの電子を奪って脱離する．脱離に伴って生じるカルボカチオンの正の電荷に，水やアルコール酸素原子の非共有電子対が配位して安定化(溶媒和)する(図 8-5)．カルボカチオンの安定性は，置換基，とくにアルキル置換基によって大きく左右される．アルキル置換基は電子供与性なのでカルボカチオンを安定化させる．たとえば，メチル基では水素より電気陰性度が高い炭素に電子を押し込んでいる．三つの水素からの電子が炭素に集まり，電子供与性になる．

もちろんカルボカチオンでは，炭素原子には六つの電子しかなく，オクテット則を満たさないため不安定である．しかし，電子を供与してくれるアルキル置換基が結合していると，その電子供与性効果によってある程度は安定

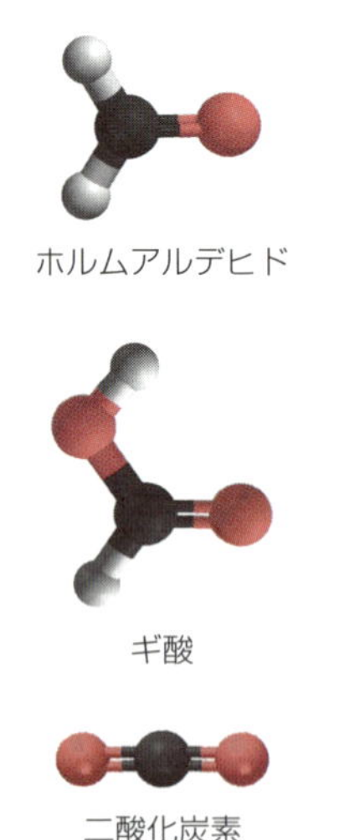

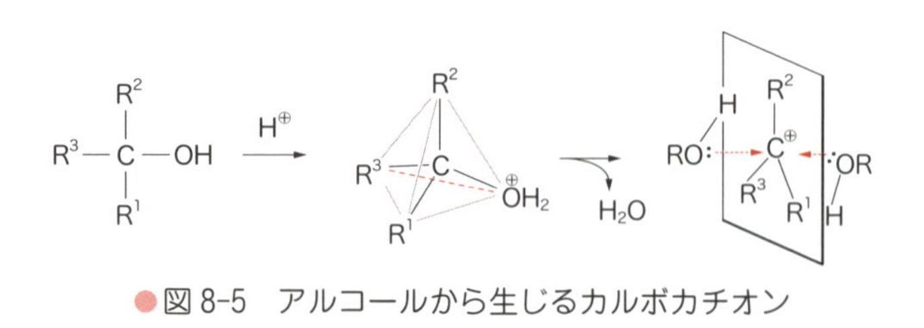

●図 8-5 アルコールから生じるカルボカチオン

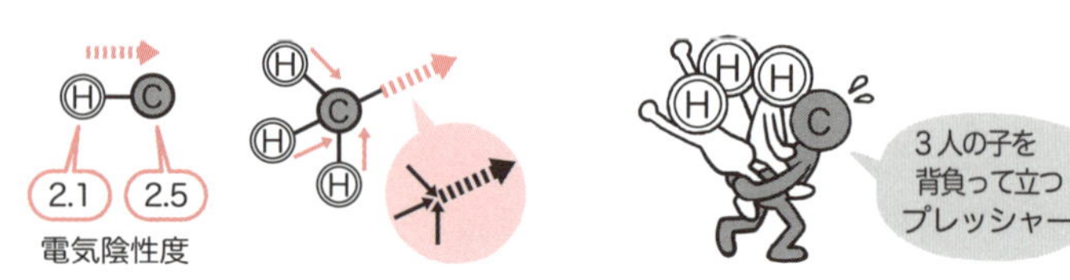

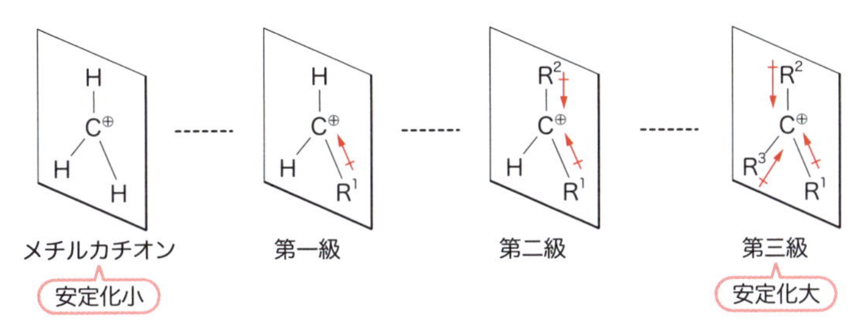

●図 8-6 カルボカチオンの安定性

化される．したがって，電子供与性の置換基が多い順，すなわち，第三級>第二級>第一級>メチルカチオンの順でカルボカチオンは安定になる(図 8-6)．

ヒドロキシ基の脱離によって生じたカルボカチオンは，さらに反応してアルケンを生じる．たとえば，メチルシクロヘキサノールを硫酸と反応させると，ヒドロキシ基がプロトン化され，脱水が起こる．これによって生じた第三級カルボカチオンの隣の炭素からプロトンが引き抜かれ，二重結合をもつ生成物(アルケン)が生じる．このとき，生成物の構造として三置換アルケンと二置換アルケンという 2 種類の可能性が考えられる．二重結合上にアルキル置換基の個数が多く，より安定な三置換アルケンが優先的に生じ，主生成物となる．このように，アルコールの脱水反応によって生じるアルケンについて，よりアルキル置換基が多いアルケンが得られることが知られており，ザイツェフ則とよばれている(図 8-7)．

なお，第一級アルコールおよび第二級アルコールでは，より激しい条件(強い酸や塩基を用いて高温にする)によって脱離反応が進行し，同様なアルケンが生成する．

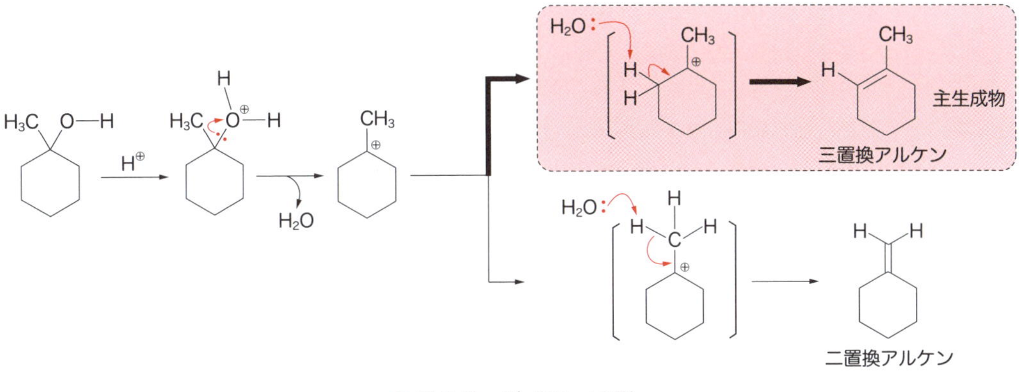

●図 8-7 ザイツェフ則

8.5 エーテルの形成と性質

8.5.1 エーテル結合の形成

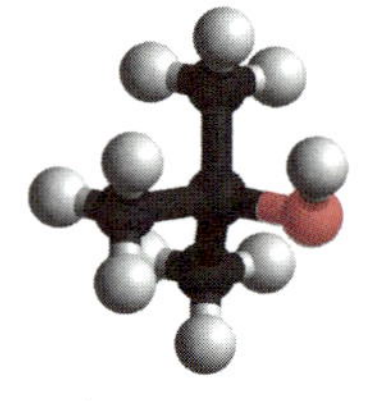

t-ブチルアルコール

図 8-5 の第三級カルボカチオンには，アルコールが溶媒和している．このアルコールの酸素原子の非共有電子対がカルボカチオンに移動すると，新しい炭素-酸素結合が形成される．たとえば，第三級アルコールである *t*-ブチルアルコールから生じる *t*-ブチルカチオンとエタノールが反応し，エチル *t*-ブチルエーテル（ETBE）が生じる（図 8-8）．

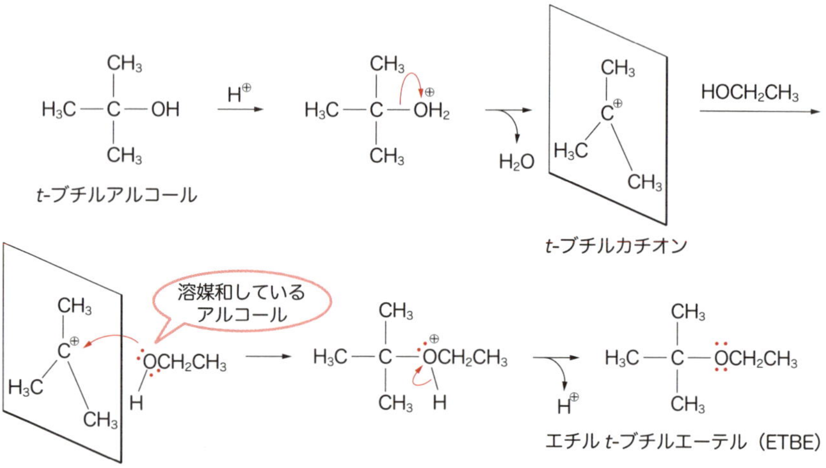

t-ブチルアルコール
H⊕
H₂O
t-ブチルカチオン
HOCH₂CH₃
溶媒和している
アルコール
H⊕
エチル t-ブチルエーテル（ETBE）

●図 8-8 エーテル結合の形成

Column

イソブテンの活用

t-ブチルカチオンは，イソブテンをプロトン化することによっても生じる．これにエタノールを作用させると，図 8-8 とまったく同じようにエチル *t*-ブチルエーテル（ETBE）が生じる（図①）．石油化学の産物の一つであったものの，従来は用途が少なく，その場でほとんどが焼却されていたイソブテン（ガス状）を ETBE に変換することにより，沸点を上げ輸送しやすくすることができた．さらに再生可能な生物資源，とくに食糧と競合しない非可食成分からつくられるバイオエタノールと組みあわせることによって，ガソリンの代替燃料として活用されている．

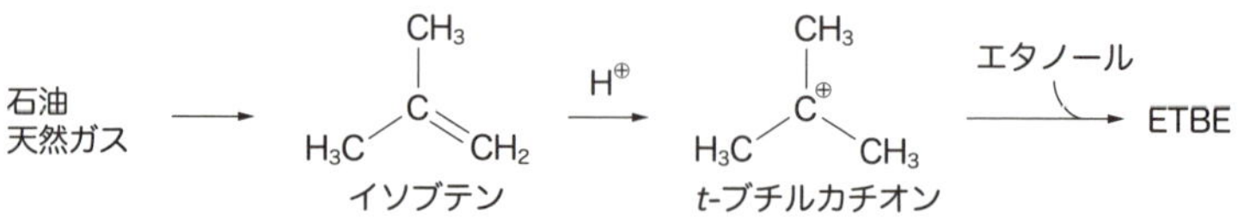

石油
天然ガス
イソブテン
H⊕
t-ブチルカチオン
エタノール
ETBE

●図① イソブテンの活用

ジエチルエーテルとその類似化合物

ジエチルエーテルは沸点が低い分，低温でも蒸気圧が高い．その結果，引火点も－45 ℃と非常に低く，消防法の危険物第四類，特殊引火物に指定されている．さらに電気を通しにくい(不良導体)ため，静電気を発生しやすく火災が起こりやすい．したがって，実験室で使用する場合，数量や換気設備などに十分に気を配る必要がある．

一方で，ジエチルエーテルには全身麻酔に使われる吸入麻酔薬として使用されてきた歴史もある．最近では同じ炭素 4 個ながら，セボフルランのように骨格を少し変え，フッ素で水素原子を置き換えた類似化合物が用いられている．

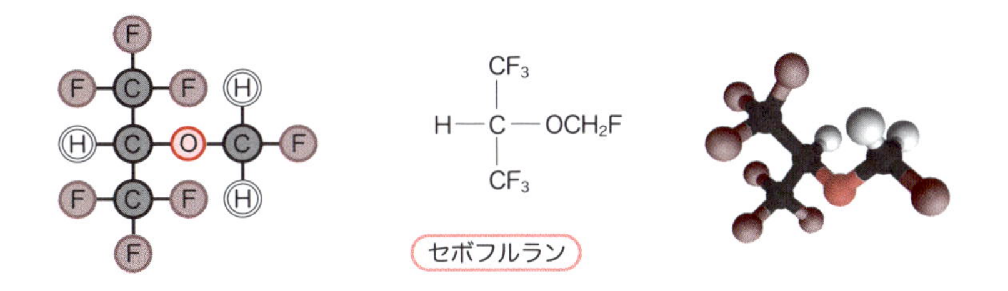

8.5.2　エーテルの性質

エーテルは，アルコールのように分子間水素結合(8.2 節，図 8-1)をしないので，その性質はアルコールと大きく異なる．たとえばエタノール 2 分子が縮合したジエチルエーテルとエタノールを比較すると，ジエチルエーテルのほうが分子量は大きいにもかかわらず，図 8-9 に示すように，沸点はエタノールのほうが非常に高い．また，エタノールは水と任意に混ざりあうが，ジエチルエーテルは水に溶けにくく，20 ℃における溶解度は低い．ジエチルエーテルはこのように脂溶性(疎水性)が高く，沸点が低く除去しやすい．この性質を利用して，水溶液から有機化合物を抽出する溶媒としてよく用いられる．

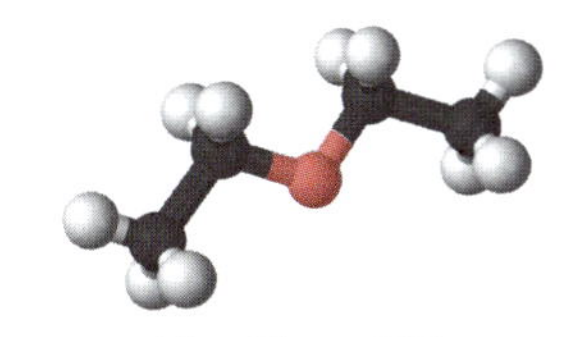
ジエチルエーテル

$\delta+$ $\delta-$ CH_2CH_3
H----O—H
H_3CH_2C—O
分子間水素結合
エタノール
沸点：78.4°C

H_3CH_2C—O—CH_2CH_3
H_3CH_2C—O—CH_2CH_3
ジエチルエーテル
沸点：35°C

● 図 8-9　エタノールとジエチルエーテルの沸点の比較

章末問題

(1) メタノールは水にたいへんよく溶ける．一方で 1-ペンタノールの水に対する溶解度は 2.2 g/100 mL である．同じアルコールなのに，なぜ 1-ペンタノールは水にあまり溶けないのか．理由を記せ．

(2) 次の化合物（a），（b）を酸化して得られる化合物を記せ．また，（c），（d）を還元して得られる分子の化学構造を記せ．

(a) H_3C OH

(b) OH H_3C CH_3

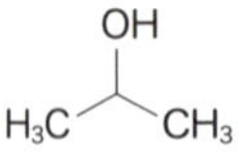

(c) CH_3 H_3C CH_2

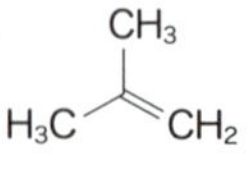

(d)

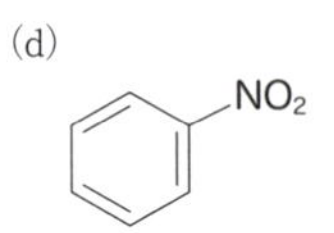

(3) 次の化合物 X に対し，触媒を用いて脱水反応を行った．生成物として得られる分子の化学構造を記せ．

H_3C OH H_3C H H H H H

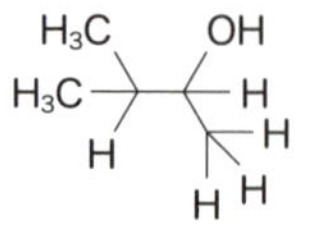

X

Chapter 9

アルデヒドおよびケトンの反応

9.1 アルデヒドおよびケトンの構造と性質

8.1 節でアルコールの酸化について述べたように，第一級アルコールを酸化（脱水素）して生じる化合物がアルデヒド，第二級アルコールを酸化して生じる化合物がケトンである．いずれも炭素-酸素二重結合をもち，この部分をカルボニル基という．

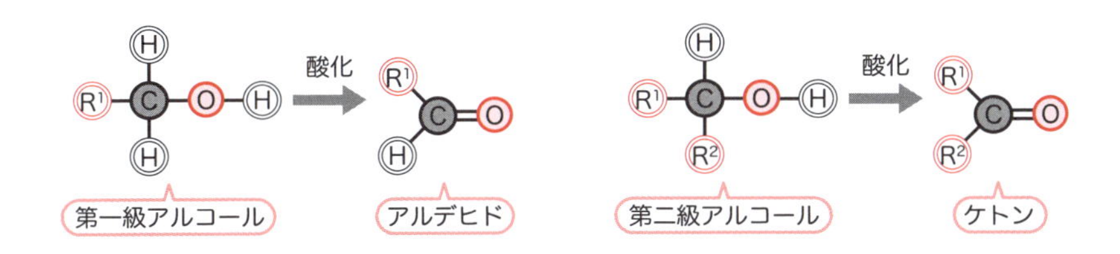

アルデヒドおよびケトンは私たちの日常生活に身近な物質である．ベンズアルデヒドはアーモンドやアンズの種の香りの成分である（図 9-1）．シンナムアルデヒド（桂皮アルデヒド）はシナモンの香りであり，バニリンはバニラ香として，アイスクリームやチョコレート，ココアなどに添加されている．不快な臭いを発するアルデヒドもある．*trans*-2-ノネナールは，加齢臭の原因物質である．中高年になると皮膚の不飽和脂肪酸が増えるが，これが酸化的分解を受けると *trans*-2-ノネナールが生じる．

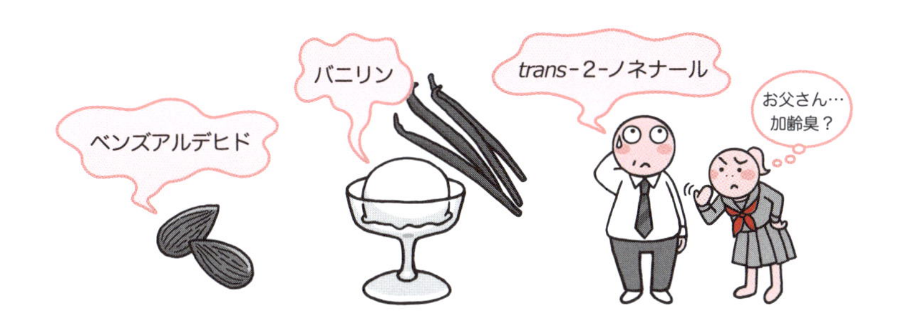

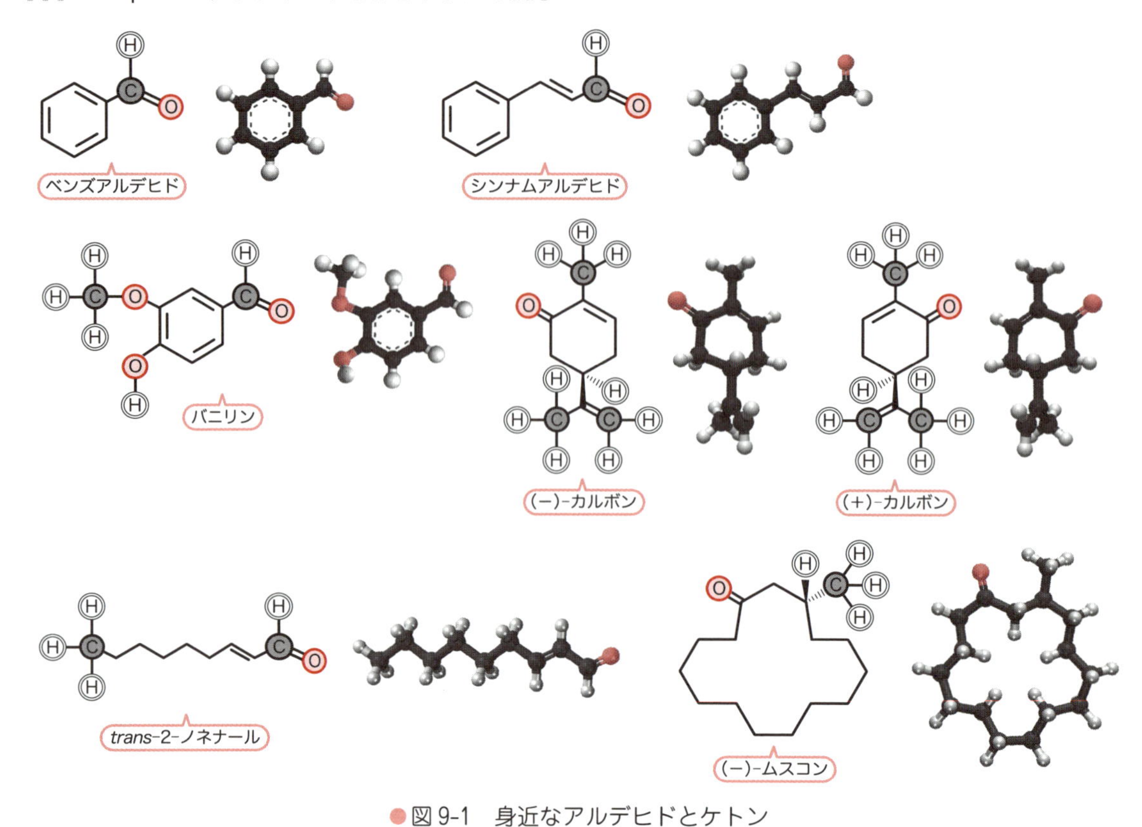

●図 9-1 身近なアルデヒドとケトン

ケトンにも特有の香気をもつ化合物がある．六員環をもつ環状ケトン，(−)-カルボンはハッカの匂いで，歯磨き粉のスペアミント香料という用途をもつ．一方で，その鏡像関係にある(+)-カルボンはヒメウイキョウの匂いがする．また，15員環の(−)-ムスコンはじゃ香の成分である．香りや匂い物質はフレグランス(化粧品など)，フレーバー(食品など)として，私たちの生活の質の向上に大きな役割を果たしている．

9.2 アルデヒドおよびケトンに起こる求核付加反応

カルボニル基(C=O)は，電気陰性度の高い酸素が炭素に二重結合で結合しているため，酸素側が電子に富んだ(rich)状態で，炭素側で電子が足りない(poor)状態でいる．このような電子の偏りが，反応の起こるきっかけになる．たとえば，水(H_2O)は酸素上に非共有電子対をもち，電子に富んだ(rich)分子，すなわち求核剤として働くので，カルボニル基(C=O)の電子が足りない(poor)状態の炭素を攻撃して付加する．これを求核付加反応という(図 9-2)．

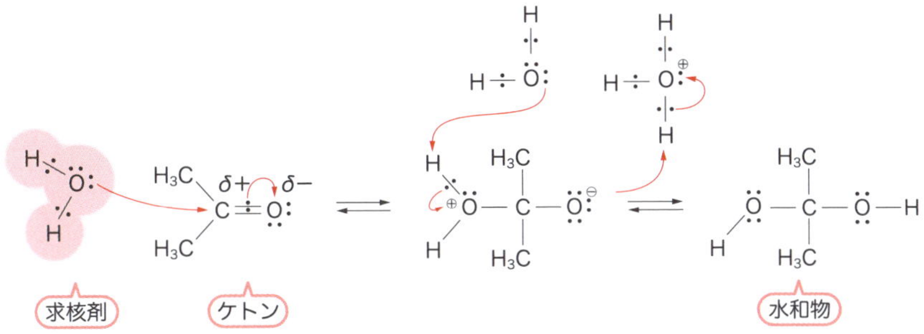

求核剤　ケトン　水和物

●図 9-2　カルボニル基に起こる求核付加反応

図 9-2 に示したように，水が求核剤としてケトンに付加する求核付加反応は，化学式の左辺から右辺に向かうだけでなく，右辺から左辺に戻る反応も進行する．この反応では，常に原料のケトンと生成物である水和物がある一定の比で両方とも存在する状態(平衡状態)にある．

カルボニル基に電子を求引する置換基を導入すると，さらに炭素の求電子性は高まり，求核付加反応が進みやすくなる．たとえば図 9-3 に示すトリクロロアセトアルデヒド(クロラール)は水中で水の攻撃を受け，水和物を形成する*1．

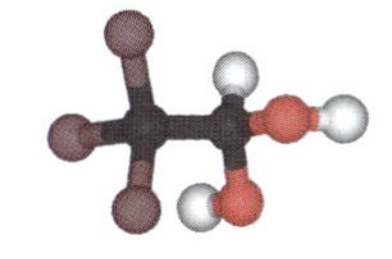

クロラール水和物

*1 クロラール水和物は水によく溶け，鎮静・催眠・麻酔作用をもつことから，かつて睡眠薬として使われ，19 世紀半ばには，静脈から注入する麻酔薬として使用されていた記録が残っている．

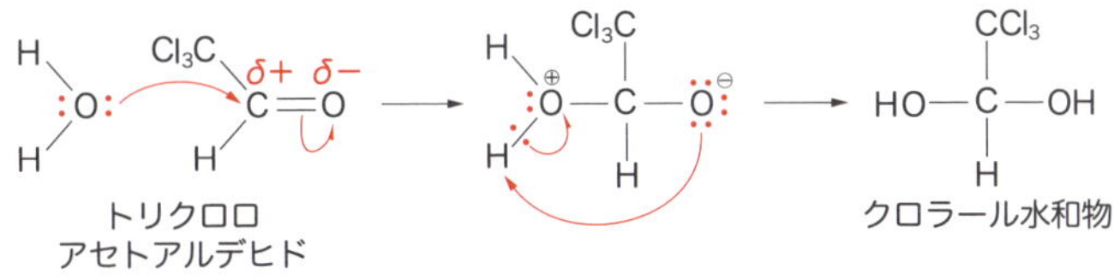

トリクロロアセトアルデヒド　クロラール水和物

●図 9-3　クロラール水和物の形成

次にアンモニア(NH_3)が求核剤としてカルボニル基に働く反応を考える．これも求核付加反応であるが，水(H_2O)の場合と異なり，アンモニアの付加の後に脱水が起こるので，生成物は C=N 結合をもつイミン*2 になる(図

*2 発見者 Hugo Schiff の名をとってイミンはシッフ塩基ともよばれる．

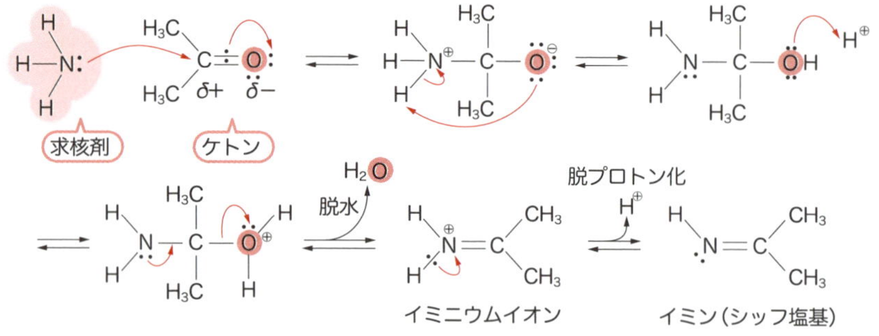

●図 9-4 アンモニアのケトンへの求核付加反応と脱水反応

9-4).

図 9-4 に示したように，アンモニア(NH_3)の N は，水(H_2O)の O と同様に非共有電子対をもつので電子に富んだ(rich)分子，すなわち求核剤として，ケトンのカルボニル基(C＝O)の電子が足りない(poor)状態の炭素を攻撃して付加する．電子の動きを追うと，途中までは図 9-2 と同じように反応は進んでいくが，もともとカルボニル基だった酸素が水として脱離する脱水反応が起こるところから異なっていく．これによって，生成物は炭素に対して酸素の代わりに窒素が二重結合したイミンになる．これは，炭素-窒素結合は，炭素-酸素結合と比べて結合距離が短く，電子をしっかり共有しているので切れにくいことが原因である．より切れやすい炭素-酸素結合が切れる方向に反応が進み，脱水が起こり，イミニウムイオンを経てイミンが生じる．

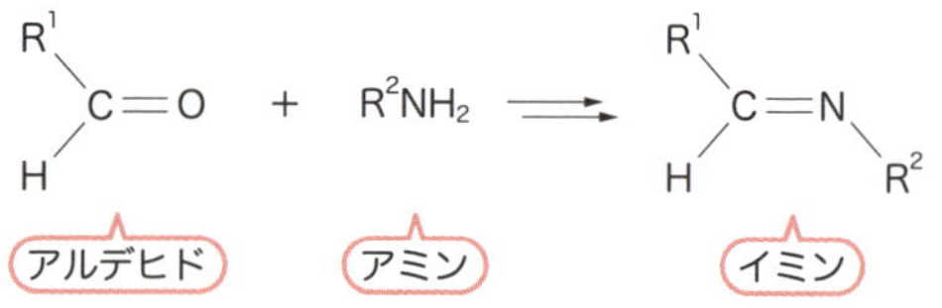

アルデヒドがアミンと反応しイミンを形成する求核付加反応は，生体成分であるタンパク質のアミノ基(－NH_2)にも起こる(図 9-5)．両端にアルデヒドをもつ分子，たとえばグルタルアルデヒドは「架橋」してタンパク質を変性させる．そのため，グルタルアルデヒドの水溶液(グルタラール)は電子顕微鏡で観察するための固定液として用いられる．よく似た構造をもつものとして，フタルアルデヒドの水溶液(フタラール)がある．グルタラールおよびフタラールは微生物を死滅させるため，医療機器の殺菌消毒液として用いられている．

お酒から生まれる毒：アセトアルデヒド

お酒(アルコール飲料)を飲んで酔ったあとは，肝臓を中心に体がひたすらその後始末をする．アルコール脱水素酵素によってエタノールが酸化されて体内で生じるアセトアルデヒドは毒性が強く，悪酔いや二日酔いの原因物質である．エタノールに比べ，沸点が 20 ℃程度と，体温よりかなり低く，お酒を飲んだ人の身体はアセトアルデヒドをどんどん体表から揮発させる．

夜遅くに混んだ電車に乗ると，少し刺激的な，つんとくる臭いに満ちていることがあるが，これはお酒を飲んだ人の身体から揮発しているアセトアルデヒドが主成分である．身体のなかには，アセトアルデヒドをさらに酸化して酢酸にするアセトアルデヒド脱水素酵素が存在する．この酵素は人種によって「遺伝子多型」の違いがあり，白人および黒人の脱水素酵素の能力は圧倒的に高い．これに比べ，日本人を含むモンゴロイドは，脱水素酵素の能力が低い，もしくは，まったく能力がない人が5割を占める．日本人にはお酒が飲めない(脱水素酵素の能力がない)人が多くいることを理解して，社会生活を送るべきである．

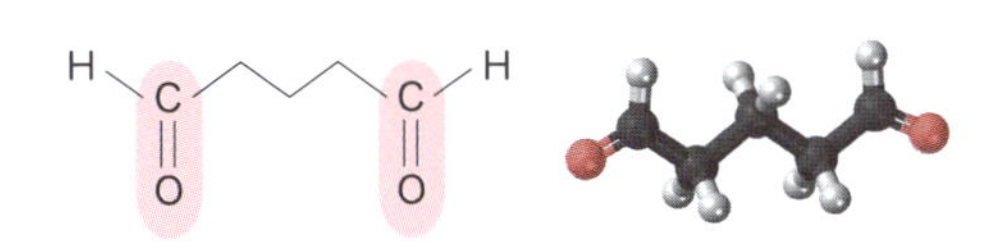

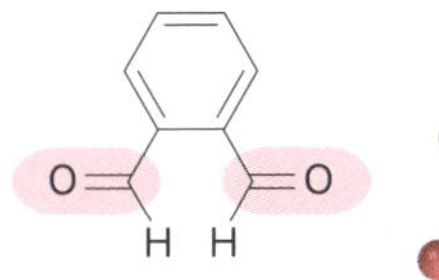

グルタルアルデヒド

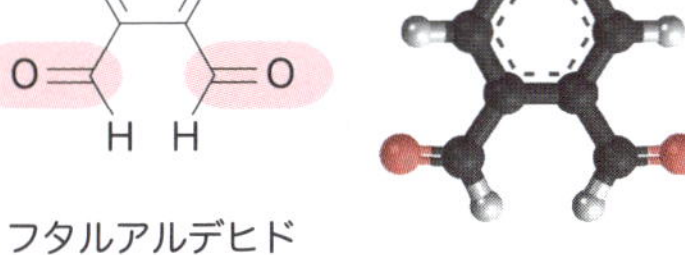

フタルアルデヒド

●図 9-5　アルデヒドへのアミンの求核付加反応

9.3　アルデヒドおよびケトンの酸化

すでに述べたように，第一級アルコールであるエタノールを酸化すると，アセトアルデヒドが得られる(6 章の 6.5 節参照)．アセトアルデヒドをさらに酸化すると，酢酸が生じる(図 9-6)．一般に，アルデヒドは酸化されやすく，室温下で空気中の酸素によっても徐々に酸化され，カルボン酸になる．一方で，第二級アルコールである 2-プロパノールを酸化すると，ケトンであるアセトンが得られる．ケトンは空気中の酸素によって酸化されず，安定に存在する．

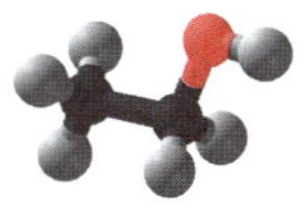

エタノール

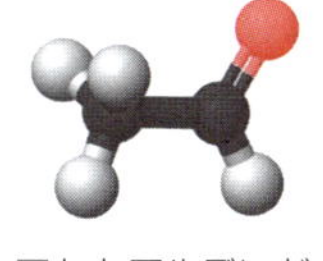

アセトアルデヒド

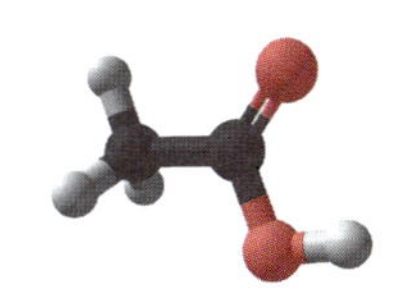

酢酸

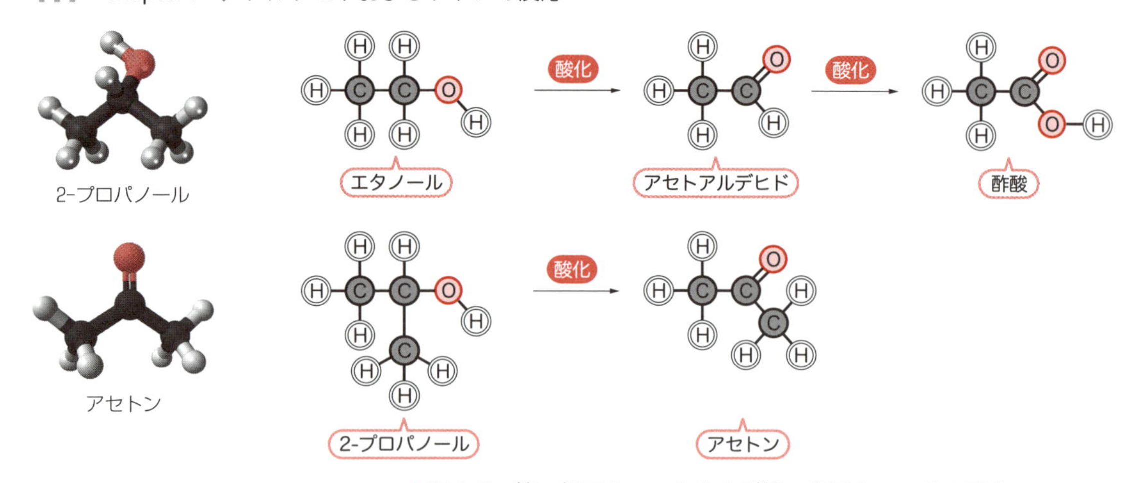

●図 9-6 第一級アルコールおよび第二級アルコールの酸化

過酸化アセトンは爆発性で危険

アセトンに過酸化水素が酸性条件下で反応すると，二量体および三量体などが生成することがあり（図①），これらは爆発性をもつため，非常に危険である．2005 年にロンドンで起こった同時多発テロで悪用された．

アセトンは有機物をよく溶かし，水にも水素結合によって任意の比率で溶けることから使いやすく，実験および実習室でも身近な存在であるが，過酸化水素と混ぜてはいけない．このような性質から，アセトンを成分に含む除光液などは機内持ち込みに制限があり，厳しいセキュリティチェックを受ける．

$H_3C-C(=O)-CH_3$ → HOOH → $H_3C-C(OH)(CH_3)-OOH$ → $H^{\oplus}$ → 三量体

$H_3C-C(OH)(CH_3)-OOH$ → $H^{\oplus}$ → 二量体

●図① アセトンの二量体および三量体の生成

9.4 アミンの求核付加から，重合および高分子へ

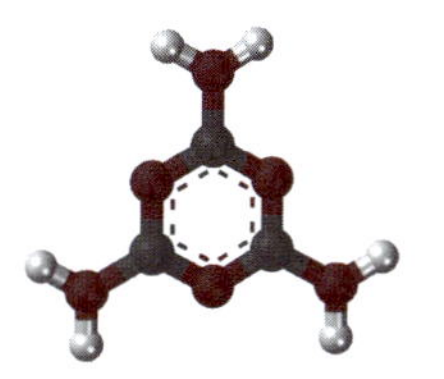

メラミン

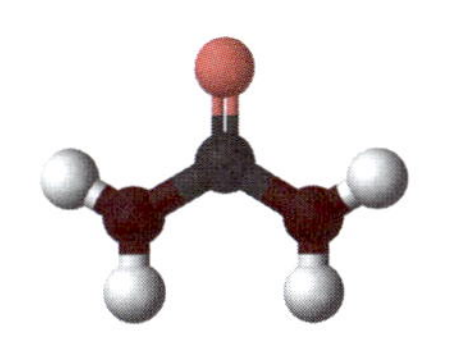

尿素

メラミンや尿素は分子内に複数のアミノ基をもつので，ホルムアルデヒドと次々に反応し，「縮重合」によって高分子が生成する．メラミンはホルムアルデヒドと反応してメチロールメラミンになり，これが重合して生じる高分子はメラミン樹脂である（図 9-7）．また尿素がホルムアルデヒドと重合すると尿素（ユリア）樹脂になる．これらはいずれも熱硬化性樹脂である．分子構造は網目を形成するうえ，水素結合の数も多く，一度固まったら，もう一度加熱しても軟らかくならない（図 9-8）．一方，ポリエチレンやナイロンなどの熱可塑性樹脂は一度固まっても加熱すれば再び軟らかくなる性質をもつ．

メラミン　—HCHO→　メチロールメラミン　→　メラミン樹脂

尿素　—HCHO→　尿素樹脂（ユリア樹脂）

●図 9-7　熱硬化性樹脂の合成

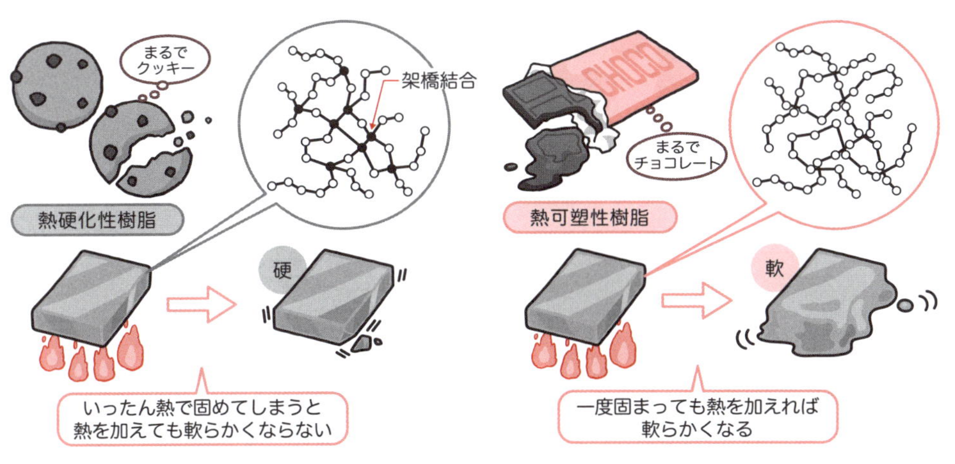

●図 9-8　熱硬化性樹脂と熱可塑性樹脂

ホルムアルデヒドはシックハウス症候群の原因

メラミン樹脂や尿素樹脂は，塗料や合板（ベニヤ）用の接着剤として産業上重要である．しかし，製造時に使ったホルムアルデヒドが残存していたり，樹脂が分解して出てきたりすると目や呼吸器などに害を与えることがあり，シックハウス症候群の原因とされる．

ホルムアルデヒドもグルタルアルデヒドなどと同じく，生体内ではタンパク質のアミノ基などと反応して結合をつくり，タンパク質を変性させる．ホルムアルデヒドが目の粘膜を刺激し，目が痛くなるのはこのためである．ホルムアルデヒドの水溶液（ホルマリン）がタンパク質を変性させ，腐らなくさせるという特徴は，生物の標本作製にも応用されている．

ビスフェノール A

アセトンがフェノール 2 分子と反応するとビスフェノール A が生成する（図②）．近年，内分泌かく乱物質の一つとして疑われ，新聞紙上などをときどきにぎわせているが，ポリカーボネートおよびエポキシ樹脂などのプラスチックの原料として，産業上は重要な物質である．

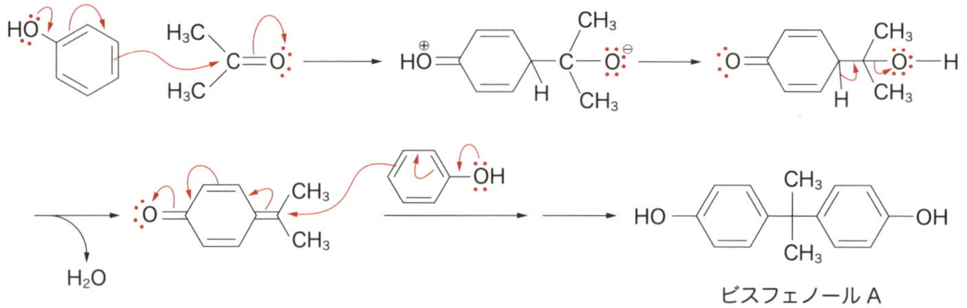

ビスフェノール A

●図② ビスフェノール A の生成

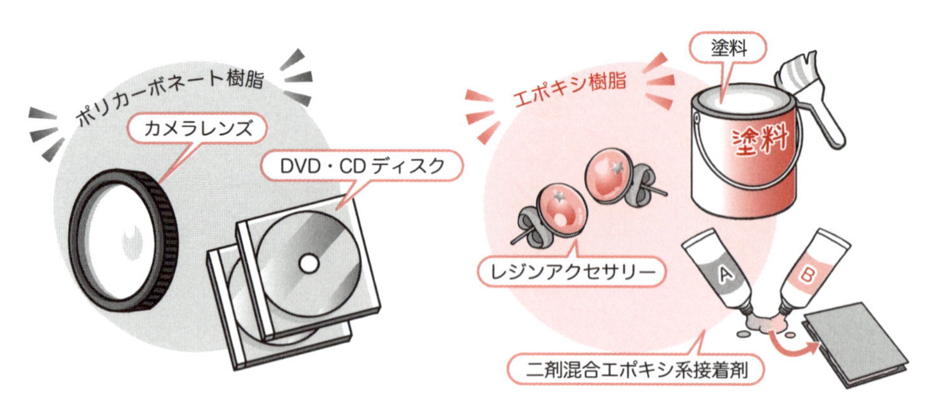

9.5　オキシムのベックマン転位反応

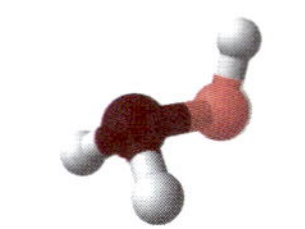
ヒドロキシルアミン

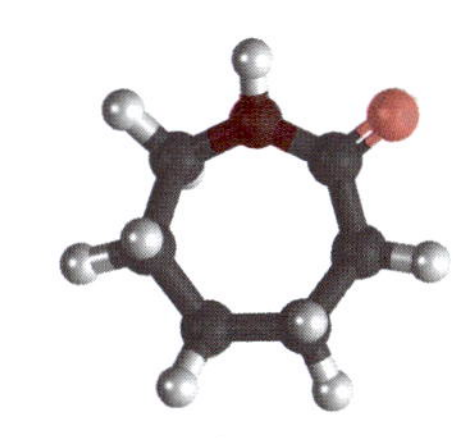
ε-カプロラクタム

ヒドロキシルアミン(NH_2OH)はアンモニアに比べて強い求核剤である．ヒドロキシルアミンがケトンに求核付加し，続いて脱水が起こるとオキシムが生じる．オキシムを硫酸で処理すると，ヒドロキシ基がプロトン化され水分子が脱離すると同時に，炭素-炭素結合から二つの電子が移動し，片側の炭素が窒素に転位する(図 9-9)．これによって生じた反応性の高いカルボカチオンに水が付加してイミノアルコール(エノール形)が生じる．これがケト形に異性化するとアミドが生じる．この転位反応をベックマン転位とよぶ．ベックマン転位をシクロヘキサノンのオキシムに応用した例を図 9-10 に示す．この転位反応で生じた化合物は七員環で分子内アミドを形成しており，ε(イプシロン)-カプロラクタムとよばれるが，開環重合してナイロン-6 を

R^1, R^2, O　ケトン　NH_2OH →　R^1, R^2, NHOH, OH　→ $-H_2O$　R^1, R^2, N, OH　オキシム　$H^{\oplus}$ →　R^1, R^2, N, $\overset{\oplus}{O}H_2$

転位 → $-H_2O$　R^1, $\oplus$, N, R^2　カルボカチオン　H_2O → $-H^{\oplus}$　R^1, HO, N, R^2　イミノアルコール(エノール形アミド)　⇌　R^1, O, H, N, R^2　アミド(ケト形)

一般的にケト形のほうが安定！

●図 9-9　ベックマン転位(オキシムからアミドへ)

O　: NH_2OH　シクロヘキサノン　$-H_2O$ →　N, OH　シクロヘキサノンオキシム　$H^{\oplus}$ →　N, $\overset{\oplus}{O}H_2$　→　[N, $\oplus$, : OH_2]

$-H^{\oplus}$ →　N, OH　(エノール形)　→　H, N, O　ε-カプロラクタム(ケト形)　開環重合 →　[O, N, H]$_n$　ナイロン-6

●図 9-10　ナイロン-6 の合成

与えるので化学工業的に重要な分子である．

9.6 ハロホルム反応

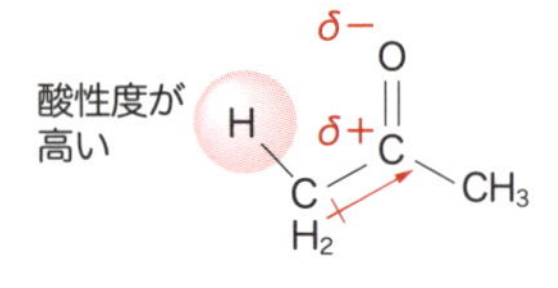

カルボニル基の炭素は電子が不足し求電子性をもつため，カルボニル基の炭素には求核付加が起こる．同様に，カルボニル炭素に隣接する炭素（α 位の炭素，α 炭素）もその影響を受けて電子が不足するので，そこに置換した水素原子（α 水素）は H^+ になりやすい，つまり酸性度が高くなる．

例として *t*-ブチルメチルケトンを塩基性条件下で塩素と反応させてみよう．塩基（OH^-）は，α 炭素に結合している酸性度の高い水素を引き抜き，カルボアニオンが生じる（図 9-11）．

t-ブチルメチルケトン　　カルボアニオン（エノラートイオン）

● 図 9-11　カルボアニオンの生成

カルボアニオン（エノラートイオン）は共鳴形をもち，そこに塩素分子が近づくと，エノラートイオンが塩素を攻撃し，α 水素が塩素で置換された化合物（**A**）が生じる（図 9-12）．この分子は，電子求引性の塩素原子で置換されているため，カルボニル基の α 水素はますます酸性度が高くなり，塩素原子による置換がさらに起こりやすくなる．

クロロホルム

塩素によるこのような置換反応が繰り返されてトリクロロメチルケトン

● 図 9-12　α 位で起こる置換反応

(**B**)になると，9.1 節のクロラール水和物の形成で示したように，水酸化物イオンによるカルボニル炭素への求核攻撃が起こる．電気陰性度の大きい塩素原子が三つも置換したトリクロロメチル基はアニオンとして脱離しやすく，塩基性条件下では炭素–炭素結合が開裂し，最終的にはクロロホルムとカルボン酸のナトリウム塩を生じる(図 9-13)．このようにして，*t*-ブチルメチルケトンからトリメチル酢酸(ピバリン酸)を合成できる．

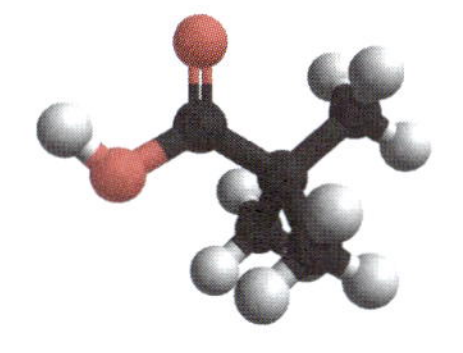

$$Cl_3C\text{–}CO\text{–}C(CH_3)_3 + {}^{\ominus}OH \longrightarrow Cl_3C\text{–}C(O^{\ominus})(OH)\text{–}C(CH_3)_3 \longrightarrow HO\text{–}CO\text{–}C(CH_3)_3 + CHCl_3$$

ピバリン酸　クロロホルム

●図 9-13　ピバリン酸の合成

上記の反応と同様に，ハロゲンとして，塩素ではなくヨウ素を反応させる場合は，ヨードホルム反応とよばれ，メチルケトン構造をもつケトン類の定性試験に用いられる．構造のわからない化合物に塩基性条件下，ヨウ素試液(I_2+KI 水溶液)を作用させ，特有の臭いをもつヨードホルム(CHI_3)が生じるときには，ヨードホルム反応陽性とされ，化合物にメチルケトン構造を含むことがわかる(図 9-14)．

エタノールや 2-プロパノールのようにカルボニル基をもたないアルコールも，ヨードホルム反応の条件下で酸化されてカルボニル基を生じるため，ヨードホルム反応で陽性を示す(図 9-14)．

メチルケトン: $H_3C\text{–}CO\text{–}R + {}^{\ominus}OH \longrightarrow H_2C{=}C(O^{\ominus})\text{–}R \xrightarrow{I\text{–}I} IH_2C\text{–}CO\text{–}CH_3$

$$\longrightarrow I_3C\text{–}CO\text{–}CH_3 + {}^{\ominus}OH \longrightarrow CHI_3 + {}^{\ominus}O\text{–}CO\text{–}CH_3$$

CHI₃ ヨードホルム

$$H_3C\text{–}CH_2\text{–}OH \xrightarrow{酸化} H_3C\text{–}CHO$$

エタノール　アセトアルデヒド

$$(H_3C)_2CH\text{–}OH \xrightarrow{酸化} (H_3C)_2C{=}O$$

2-プロパノール　アセトン

●図 9-14　ヨードホルム反応

9.7 還元反応

8.1 節とは逆に，アセトンが 2-プロパノールに変化する反応は，還元反応である．この反応は，カルボニルにヒドリドイオン(hydride, H^-)が求核付加して起こる(図 9-15)．

H_3C δ+ δ− $C=O$ H_3C ―(:H⁻ ヒドリドイオン)→ $H_3C-C(CH_3)(H)-OH$

アセトン　2-プロパノール

●図 9-15　アセトンの還元反応

ヒドリドイオン(H^-)には，非共有電子対が一つあり，負の電荷を帯びている．ヒドリドイオンを与える反応剤として，水素化アルミニウムリチウム($LiAlH_4$)がよく用いられる．分子内にヒドリド水素を 4 個もつ水素化アルミニウムリチウム($LiAlH_4$)は，水と触れると激しく水素ガスを発生し，多くの場合には引火して爆発的に燃焼する．アセトンとの反応は，次の式のように起こる．アルミニウムは酸素との親和性がとても高い金属なので，最後の段階では酸性水溶液によって加水分解してアルコールを得る．

$(H_3C)_2C=\ddot{O}:$ $Li^{\oplus}[H-AlH_3]^{\ominus}$ ⟶ $Li^{\oplus}[(H_3C-C(CH_3)(H)-\ddot{O})-AlH_3]^{\ominus}$ ―($H^{\oplus}$, H_2O)→ $H_3C-C(CH_3)(H)-OH$

水素化アルミニウムリチウム

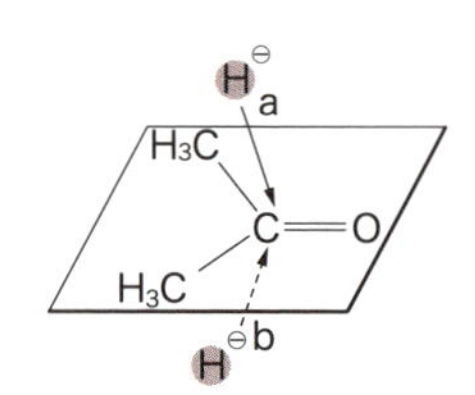

アセトンのようなケトンに含まれるカルボニル基(C=O)は，sp^2 混成軌道の炭素と酸素で構成されているので，三つの炭素原子と酸素原子は同一平面上に存在する．ヒドリドイオン(H^-)がカルボニル炭素を攻撃する際，接近が許される方向は二つしかない．一つは，平面上からほぼ垂直(実際には，わずかに傾いている)な向き(**a**)，もう一つは平面をはさんでその反対の向き(**b**)である．

アセトンのメチル基の一方を，カルボキシ基に変えた化合物を考えてみよう．このとき，ヒドリドが攻撃する方向(**a** または **b**)によって，生じる化合物 **A** と **B** は異なり，図 9-16 のように，互いに鏡像関係(鏡像異性体，エナンチオマー)になる．

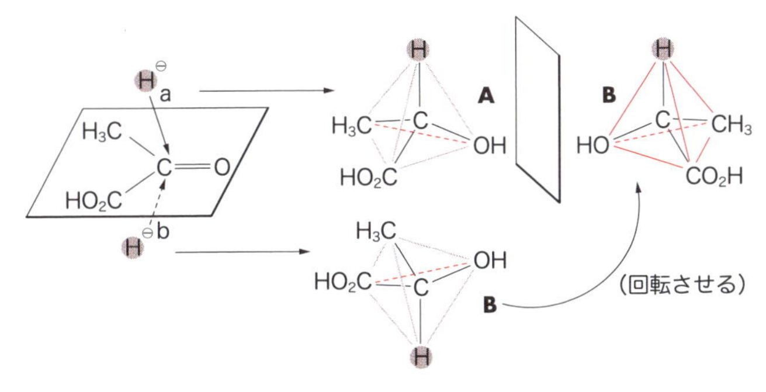

●図 9-16　カルボニル基の還元反応の立体化学

私たちの体のなかでは，ヒドリド(H^-)が攻撃する方向は酵素の働きによって自在に制御され，片方のエナンチオマーだけをつくることができている．これに対し，人工的に片方のエナンチオマーだけをつくることはたいへん難しい．20 世紀の終わりごろ，名古屋大学の野依教授らによって金属を用いた化学触媒が開発され，高い選択性をもつ化合物を得ることができるようになった．これを不斉還元（ふせいかんげん）という．この成果で純粋な鏡像異性体のアルコールが自在に得られるようになり(2002 年，ノーベル化学賞受賞)，医農薬や液晶などの材料合成に非常に大きく貢献した．

章末問題

(1) 次の反応によって生じる生成物は何か．この反応の反応機構を説明せよ．なお，エタノールは原料より過剰量用いることとする．

H_3C–CH_2–C(=O)–CH_3 $\xrightarrow{CH_3CH_2OH,\ H^{\oplus}}$

(2) 次の化合物(a)～(e)のうちでヨードホルム反応が陰性になるものはどれか．

(a) エタノール　(b) メタノール
(c) アセトン　(d) アセトフェノン
(e) ベンゾフェノン

(3) 次の反応は 2 分子のアルデヒドが水溶液中，酸性条件下で反応するアルドール反応である．この反応の反応機構を説明せよ．

H_3C–CH_2–CH_2–CHO $\underset{H_2O}{\overset{H^{\oplus}}{\rightleftarrows}}$ H_3C–CH_2–CH(CHO)–CH(OH)–CH_2–CH_2–CH_3

Chapter 10 カルボン酸とその誘導体

10.1 カルボン酸の構造と性質

カルボン酸は，「酸」といわれるとおり，酸性を示す化合物である．その酸性度は無機化合物である塩酸や硫酸と比較すればとても低いが，一般的な有機化合物のなかで比較すれば，カルボン酸の酸性度は高く，このことが大きな特徴となっている（図 10-1）．

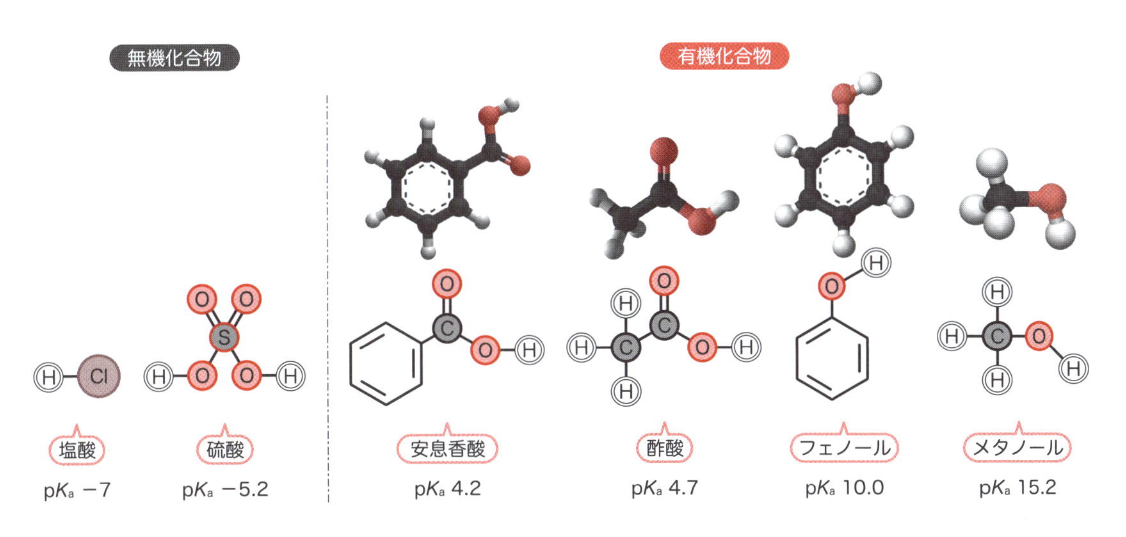

●図 10-1　いろいろな化合物の pK_a

一般にカルボン酸の pK_a は 4 ～ 5 で，フェノール（pK_a 10）やメタノール（pK_a 15）と比較すると，かなり酸性度が高いことがわかる．このように酸性度が高くなるのは，カルボン酸がプロトンを解離して生じるカルボキシラートイオンが比較的安定なためである．

図 10-2 に示すように，カルボン酸のヒドロキシ基（−OH）からプロトンが解離して生じるカルボキシラートイオンには共鳴形が存在し，電子は O−C−O の結合のあいだを行ったり来たりすることができる．より広い範

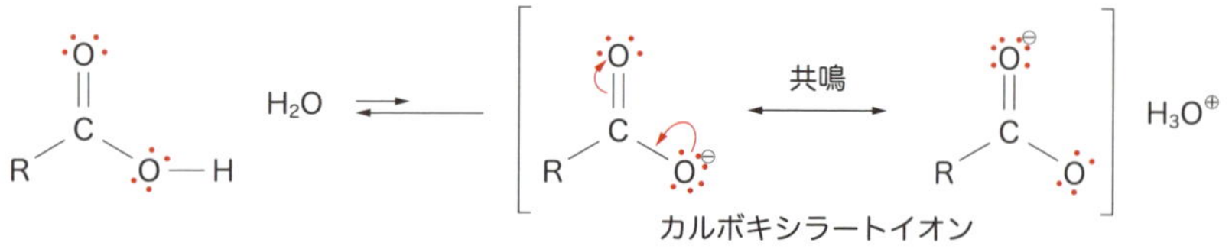

共鳴

カルボキシラートイオン

●図 10-2　カルボキシラートイオンの共鳴

囲を電子が動きまわれる状態は分子に安定化をもたらすので，カルボン酸はプロトンを解離しやすい．すなわち，酸性度が高い．二つの共鳴の式がまったく等価であると安定化の効果が強く働くので，フェノールが解離した形（図 8-3）に比べ，より安定である．このことからカルボン酸はフェノールに比べ 10^5～10^6 倍程度酸性が強くなる．ただし，このカルボン酸の酸性は，水中で完全にプロトンを解離するほどの強さではないため，カルボン酸分子の形で存在している割合のほうが多い．

カルボン酸のもう一つの特徴は，極性が大きいことである．カルボン酸のもつカルボキシ基（−COOH）はカルボニル基（C=O）にヒドロキシ基（−OH）が連結した構造である．このようにカルボン酸には，カルボニル基（C=O）とヒドロキシ基（−OH）の両方に由来する大きな極性があり，水やアルコールと同様に，分極した分子と水素結合を形成する．カルボン酸分子どうしも互いに水素結合を形成しやすいので，カルボン酸の融点や沸点はほかの化合物に比べて高い．たとえば，同じ炭素数であるエタノールの沸点は 78.5 ℃であるが，酢酸の沸点は 118.2 ℃である．

このように極性が大きいため，カルボン酸には他の化合物に比べて水やアルコールに溶解しやすいという性質もある．酢酸のように炭素数が少ないカルボン酸は水に溶ける．たとえば，料理に使う食酢は酢酸の薄い水溶液であり，酢酸が水に容易に溶けることがわかるだろう．もし，カルボン酸のアルキル基側の炭素数が多く疎水性が勝り，水にあまり溶けない場合は，カルボン酸をカルボン酸塩にして水溶性を増すこともできる．

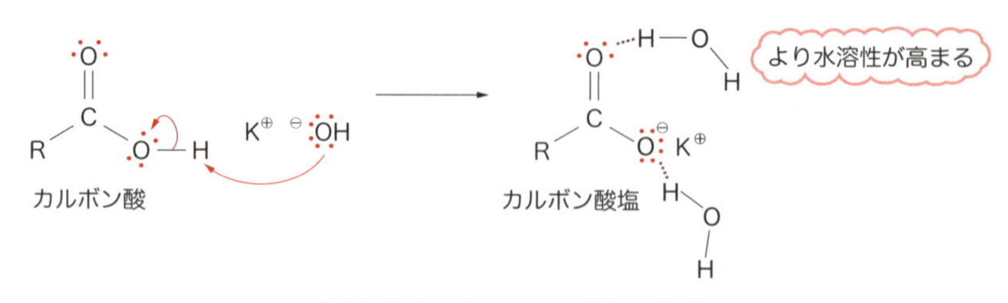

●図 10-3　カルボン酸塩の生成

上に示したように，カルボン酸は水酸化カリウムや水酸化ナトリウム，アンモニアなどの塩基と反応し，カルボン酸塩になる（図 10-3）．カルボン酸塩はイオンなので，カルボン酸よりも高い水溶性を示す．

10.2　カルボン酸誘導体の反応

10.2.1　カルボン酸誘導体に起こる求核アシル置換反応

カルボン酸を基にしてつくられるさまざまなカルボン酸誘導体がある．カルボン酸塩化物，カルボン酸無水物，エステル，アミドである．これらはすべてカルボン酸のヒドロキシ基(−OH)がそれぞれ置き換わったものであり，置換された部分をまとめて「L」で示す．カルボン酸誘導体にはヒドロキシ基がなく，解離するプロトンをもたないので，酸性を示さない．

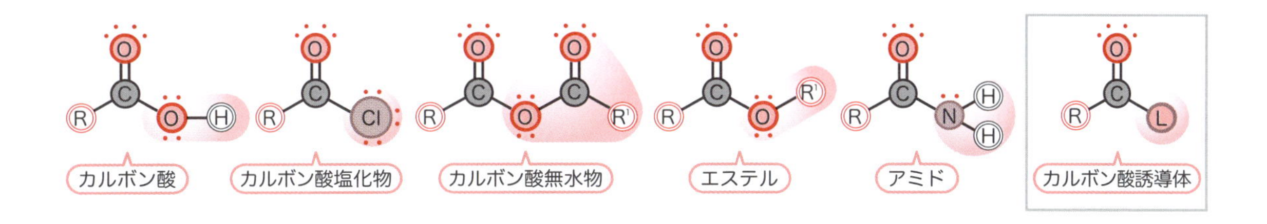

これらのカルボン酸誘導体には図 10-4 に示すような求核アシル置換反応が起こる．カルボン酸誘導体も求電子性を示すカルボニル基の炭素をもつので，ケトンやアルデヒドと同様に求核剤の攻撃を受け，四面体構造(図 10-4)が生じる．ここまでは求核付加反応と同じである．しかし，カルボン酸誘導体の場合，酸素上の負電荷がまた戻って C=O 二重結合が再度形成される．それとともに，カルボン酸誘導体の置換基(L)が脱離する．結果的に求核剤が置換基(L)と置き換わったことになるので，求核アシル置換反応とよばれる．この場合のアシルとは RC=O(アシル基)のことであり，アシル基に求核剤が攻撃して起こる置換反応という意味である．

この求核アシル置換反応の起こりやすさは置換基(L)によって異なる．置換基(L)の電子求引性が高ければカルボニル炭素の求電子性が高まり，求核剤の攻撃を受けやすくなる．したがって，図 10-5 に示すような反応性の違いが生じる．

このように求核アシル置換反応の反応性は，酸塩化物，酸無水物，エステ

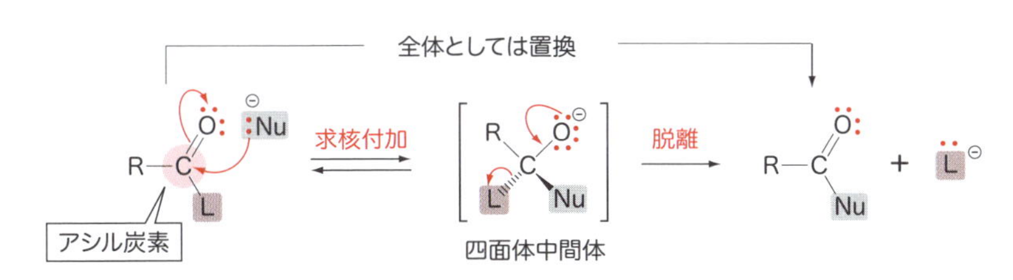

●図 10-4　カルボン酸誘導体の求核アシル置換反応

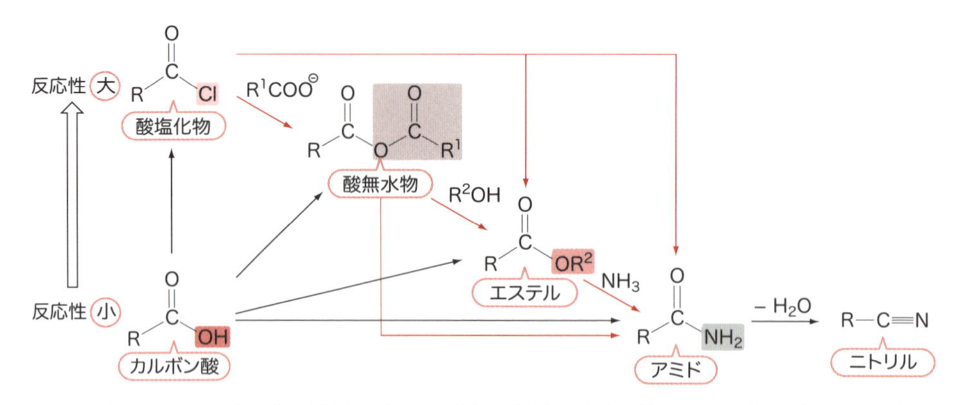

●図 10-5 カルボン酸誘導体における付加-脱離反応(求核アシル置換反応)の反応性

ル，アミドの順に低下する．反応性の高いカルボン酸誘導体を原料にして求核アシル置換反応を行い，反応性のより低いカルボン酸誘導体を合成することはできるが，逆に反応性の低いカルボン酸誘導体を原料にして求核アシル置換反応を行い，反応性のより高いカルボン酸誘導体を合成することはできない．また，カルボン酸自体はこれらカルボン酸誘導体の原料になるが，カルボン酸を原料にする反応は必ずしも効率がよいとはいえない．

10.2.2 フィッシャーのエステル化

求核アシル置換反応の例として，カルボン酸からエステルが生成する反応の電子の動きを詳しくみてみよう．図 10-6 にフィッシャーのエステル化とよばれる反応を示す．この反応は平衡反応(可逆反応)である．この場合，はじめに酸触媒(H^+)を加えてカルボニル基を活性化する．プロトン(H^+)がカルボニルの酸素に結合すると，酸素は電子が足りない(poor)状態になり，二重結合でつながっている炭素から電子を引きよせようとする．メタノールの酸素は，非共有電子対をもつので電子に富んだ(rich)分子，すなわち求核剤

カルボン酸誘導体の反応性と安定性

カルボン酸誘導体の反応性に差があるということは，すなわち，カルボン酸誘導体の安定性に差がある，ということでもある．最も反応性の高いカルボン酸塩化物は，水と容易に反応し，加水分解してカルボン酸になってしまう．一方で，反応性の低いアミドは簡単には反応しない．一般に，アミドを加水分解する反応には強い酸，塩基などを用いて長時間加熱する必要がある．

私たちの身体のタンパク質がペプチド結合(アミド結合)でできていることを思い出してほしい．身体のなかにたくさん含まれる水によってタンパク質が加水分解されず，身体が安定に存在することからも，アミドの安定性がどの程度であるかわかるだろう．

として，カルボニル基(C=O)の電子が足りない(poor)状態の炭素を攻撃して付加する．次にプロトンが移動したのち，カルボン酸のヒドロキシ基(−OH)が水として脱離し，エステルが生成する．このようにカルボン酸のヒドロキシ基(−OH)がアルコール由来のアルコキシ基(この場合はCH_3O)と置き換わっているので，この反応が求核アシル置換反応であることがわかる．

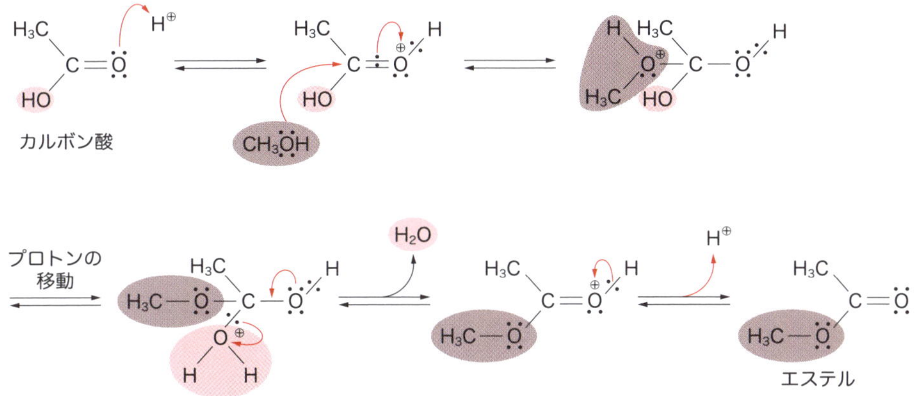

酸触媒によってカルボニルを活性化

カルボン酸

プロトンの移動

エステル

●図 10-6 フィッシャーのエステル化反応

10.2.3 エステルの加水分解とアルコリシス

エステルは，酸性または塩基性の水溶液によって加水分解され，カルボン酸とアルコールになる(図 10-7)．とくに，塩基性水溶液中でのエステルの加水分解はけん化とよばれる．このエステルの加水分解反応も平衡反応(可逆反応)である．この反応式を右から見れば，カルボン酸とアルコールを酸性または塩基性のもとで水を除きながら反応させればエステルが生じることがわかる．つまり，エステルの酸性条件下での加水分解反応は 10.2.2 項で説

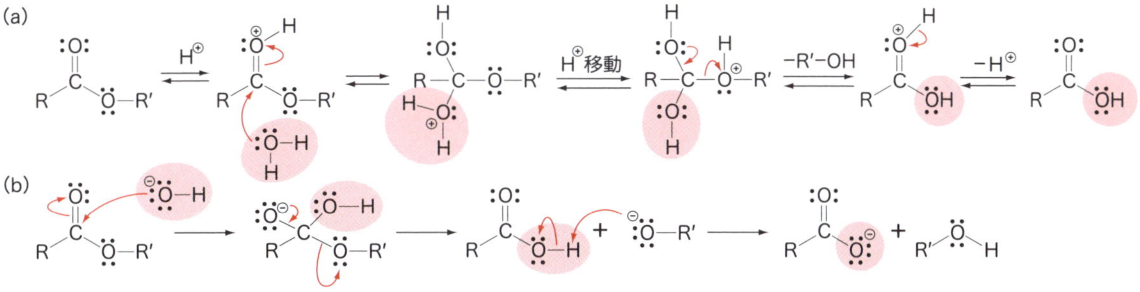

(a)

H移動

−R′−OH

(b)

●図 10-7 エステルの加水分解

(a)酸性条件下，(b)塩基性条件下．

安息香酸メチルエステル + CH_3CH_2OH ⇌(H^+) 安息香酸エチルエステル + CH_3OH

●図 10-8 アルコリシス

明したフィッシャーのエステル化の逆反応といえる．

このエステルの加水分解反応も，エステルの求電子性を帯びたカルボニルの炭素に，求核剤である水，もしくは水酸化物イオン（−OH）が攻撃し，−OR が脱離しているので，求核アシル置換反応に含まれる．同様の求核アシル置換反応が水の代わりにアルコールを求核剤としてエステルに起こった

Column

プロドラッグ

エステルが水溶液中もしくはアルコール溶液中で酸か塩基にさらされると，加水分解やアルコリシスが容易に起こることは重要である．私たちの身体のなかにはエステルを加水分解するための酵素（エステラーゼ）がとてもたくさん存在しており，身体のなかでは，常にエステルの加水分解反応が起こっている．このエステラーゼの働きに着目してプロドラッグが開発された．プロドラッグとは，吸収性や体内分布の改善，毒性や副作用の軽減，作用の持続化などの目的で化学修飾を施した医薬品である．プロドラッグは，体内で酵素や化学反応によって元の活性化合物（親化合物）に戻り，作用する．

インフルエンザの薬であるオセルタミビルは，プロドラッグである．オセルタミビルは，身体に吸収されやすくするために活性を示す化合物（活性化合物）のカルボキシ基をエステル化してつくられている．体内に吸収されてからエステラーゼの作用を受けてエステルが加水分解され，本来の活性化合物（カルボン酸）に構造が変わり，抗インフルエンザ活性を示す．このように，吸収を改善するためにいったんカルボン酸をエステル化する手法がプロドラッグでは頻繁に用いられている．

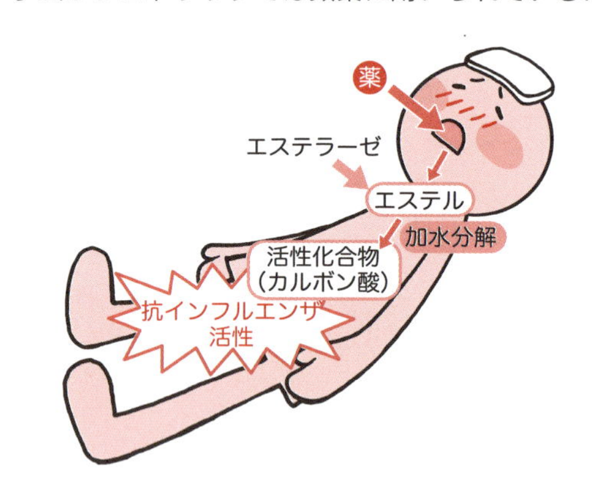

オセルタミビル
（プロドラッグ：そのままでは活性を示さない）
→ エステラーゼ →
活性化合物！

とき，－OR が交換する反応が起こる．このエステル交換反応をアルコリシスとよぶ．安息香酸メチルエステルとエタノールとのアルコリシスを図 10-8 に示す．

この反応も平衡反応（可逆反応）であるので，左辺のエタノールを増やせば右に平衡が偏り，安息香酸エチルエステルが増える．逆に，メタノールを増やせば，右辺から左辺に平衡が偏り，安息香酸メチルエステルが増える．

10.3　アミドとニトリル

アミドはカルボン酸のヒドロキシ基（－OH）がアミン由来のアミノ基（NR_2）に置き換わったものである．カルボン酸誘導体のなかでアミドは最も安定である．これは，アミドの場合，カルボニルに直接結合している窒素から電子が供与され，カルボニルの炭素の求電子性が低くなることに由来する．このような窒素からの電子の供与は，アミドに共鳴形が存在することからもわかるだろう．

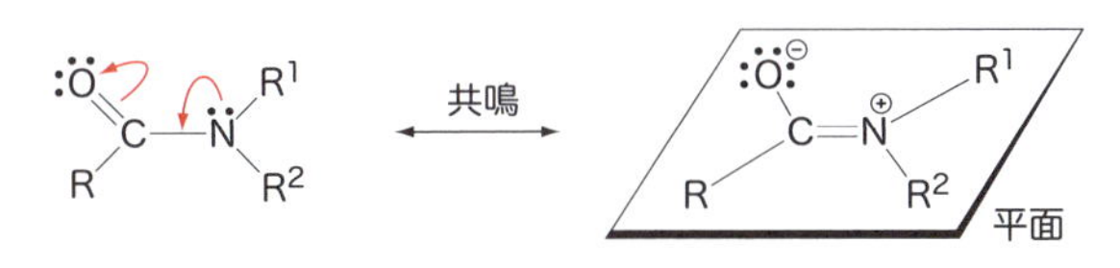

図 10-9　アミドの共鳴構造
C－N 結合の回転は束縛されている．

図 10-9 に示したアミドの共鳴形は，C－N 結合が二重結合性をもつことを示している．つまり，アミドは平面構造をとっていることがうかがえる．また，アミドの窒素の電子密度が低いこと，すなわち，アミドは塩基性を示さないこともわかるだろう．すでに述べたように，アミドがとても安定であることは，身体のなかのタンパク質（アミド結合でできている）の構造の安定性にもつながる．

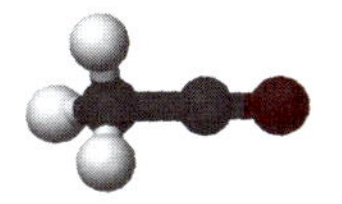

アセトニトリル

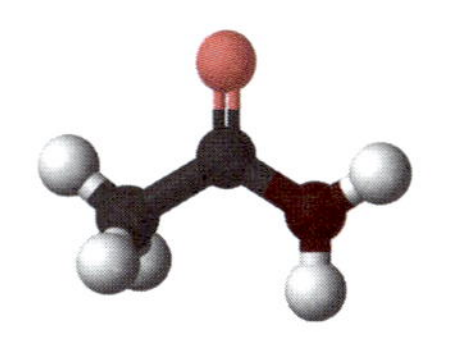

アセトアミド

最後にニトリルについて簡単に触れる．ニトリルにはカルボニル基がないため，カルボン酸誘導体としてくくるのはふさわしくないと思われるかもしれない．しかし，ニトリルの炭素は，カルボキシ炭素と同じ酸化状態にあり，カルボン酸誘導体との相互変換が容易であることから，カルボン酸誘導体に近い存在と考えてよい．アセトニトリルは，高温のもと，酸性または塩基性条件下で加水分解され，アセトアミドになる．アセトアミドが加水分解されると酢酸になる（図 10-10）

ニトリルは，炭素と窒素が三重結合で結合している．この三重結合の窒素は非共有電子対をもつため，塩基性を示すと思われるかもしれないが，実際

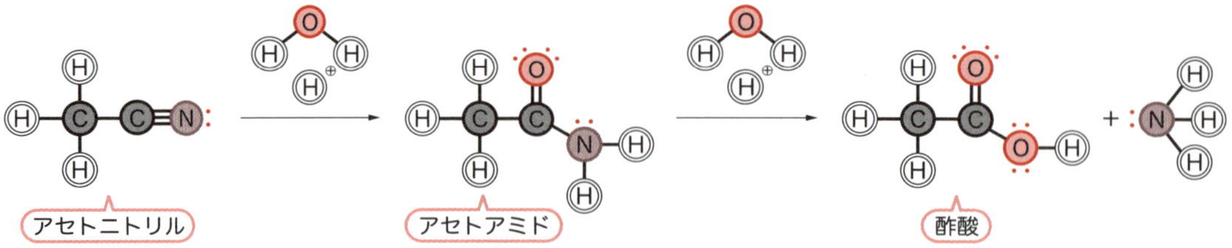

●図 10-10 アセトニトリルの加水分解

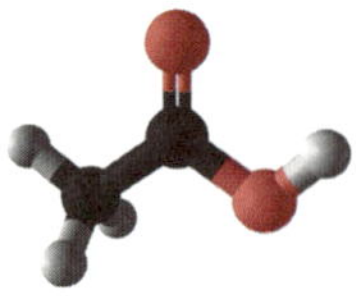

には塩基性を示さず中性である．この三重結合の窒素は sp 混成で，その非共有電子対は，窒素の中心の原子核に引っ張られている傾向が強いため，外に向かうことができず，プロトンをつかまえる(塩基性を示す)ことができない．ニトリルが中性で極性が大きいことを利用して，アセトニトリルは有機化合物を溶かす安定な溶媒として用いられることが多い．

章末問題

(1) 安息香酸をアンモニアと反応させても容易にはベンズアミドは得られない．理由を説明せよ．

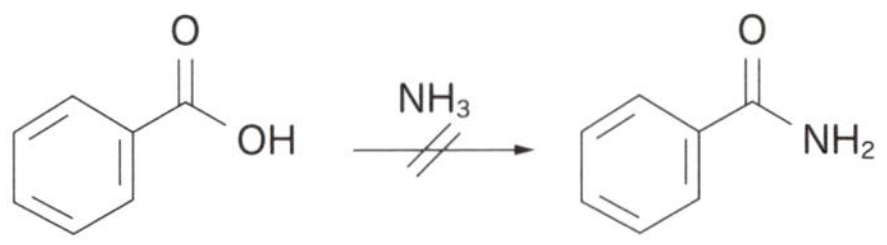

(2) 安息香酸からベンズアミドを合成する方法を記せ．

(3) アルデヒドやケトンには求核アシル置換反応が起こらないのはなぜか．

(4) アミンは塩基性を示すのに対し，アミドは塩基性を示さず，ほぼ中性である．この理由を説明せよ．

Chapter 11 アミン

11.1 アミンの構造と性質

アミンはアンモニアの水素がアルキル基などに置換された化合物である．アンモニアの水素一つが置換されたものを第一級アミン，水素二つが置換されたものを第二級アミン，水素三つが置換されたものを第三級アミンとよぶ．これらのアミンの窒素は sp^3 混成しているため，ほぼ正四面体に近い立体構造をしている．四面体の四つの頂点のうち三つは置換基が占め，残りの一つの頂点は非共有電子対が占めている．アミンの窒素が四つの置換基をもつ化合物も存在するが，この場合は非共有電子対を使って四つ目の結合をつくることになるので，窒素上には正電荷が生じ，イオンの状態になっている．これを第四級アンモニウムイオンとよぶ(図 11-1)．

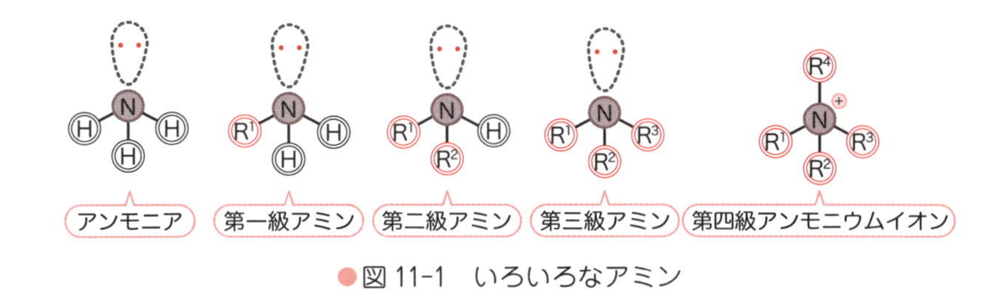

●図 11-1　いろいろなアミン

アミンは塩基性を示す有機化合物である．アミンの塩基性は，窒素上の非共有電子対に由来するので，その電子密度が高いほど塩基性も強くなる．アルキル基は電子供与性なので，アルキル置換基が増えると窒素原子上の電子

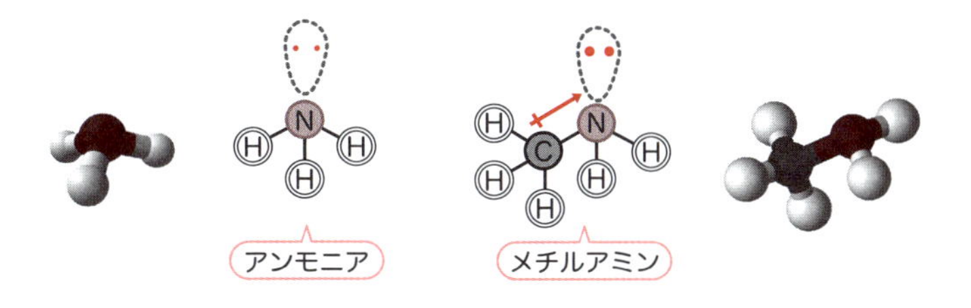

密度が高くなり，塩基性も強くなる．したがって，アンモニアよりメチルアミンのほうが塩基性は強い．

一方で，アンモニアの水素一つがベンゼン環で置換された化合物であるアニリンは，アンモニアよりずっと低い塩基性を示す．これは，窒素上の非共有電子対が共鳴によってベンゼン環に流れ込み，結果的に窒素上の電子密度が低くなるためである（図 11-2）．

●図 11-2　アニリンの共鳴形

アミンはアルコールや水と同じように極性をもち，アルコールや水とのあいだで水素結合をつくる．アミン分子どうしでも水素結合をつくるため，同じくらいの分子量のアルカンに比べてアミンの沸点は高い．このような高い極性によって，分子量の小さいアミンは水やアルコールに溶けやすいという性質を示す．もちろん，アミンもカルボン酸と同様にアルキル基の炭素数が多く疎水性が勝ると，水に溶けにくくなる．このような場合は，アミンの非共有電子対を使ってプロトンを付加させ，アンモニウムイオン（塩）の状態にして水溶性を増す工夫をする．

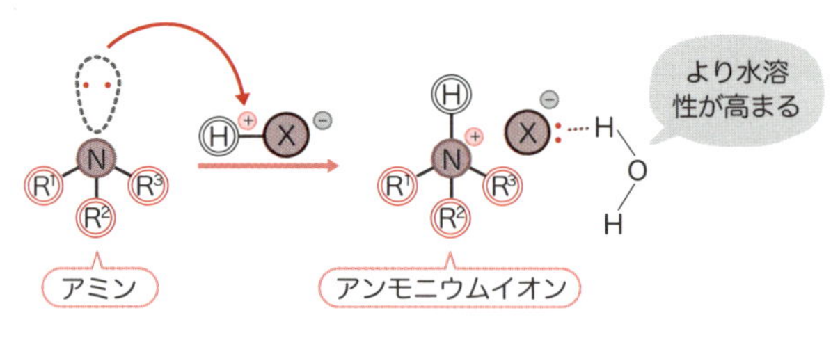

医薬品のなかには，アンモニウム塩になっているものがある．たとえばイミプラミン塩酸塩は，第三級アミンをもつイミプラミンに塩化水素を加え，アンモニウムイオンの形にしている．元のイミプラミンは疎水性部分が大きく，水にたいへん溶けにくい．そこで，塩酸塩にして水溶性を高めているのである．

アミンには臭いもある．アンモニアの臭いは多くの人が嗅いだことがあるだろう．また，メチルアミン（CH_3NH_2）は魚の生臭い臭いのもとである．魚を調理したあと，まな板にレモンをすりつけると臭いが消える．これは，アミンがレモンに含まれる強い酸（クエン酸など）と反応し，アンモニウム塩になったため，臭気として空気中に漂わなくなったからだと考えられている．

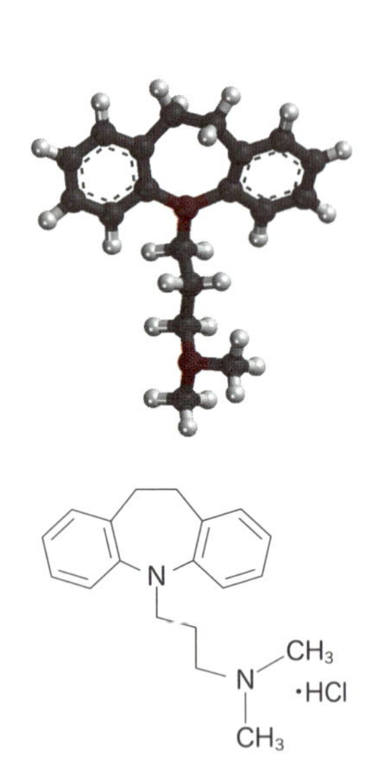

イミプラミン塩酸塩

11.2　求核剤としてのアミンの反応

11.1節で述べたように，アミンは窒素上の非共有電子対をもつため，塩基性を示す．この非共有電子対は，プロトンだけでなく求電子性を帯びた炭素や窒素なども攻撃することができる．つまり，アミンには求核性もある．一般に，塩基性の強い分子は求核性も高い．アミンが求核剤として反応する例についてはこれまでの章ですでにいくつか取りあげている(p. 92，9.2節など)ので，ここでは簡単に記す．

11.2.1　求電子性を帯びた炭素との反応

アミンが反応する求電子性を帯びた炭素として，ケトンやアルデヒドのもつカルボニルの炭素およびカルボン酸誘導体のカルボニル炭素があげられる．第一級アミンがケトンやアルデヒドと反応すると，イミンが生成する(図11-3)．第9章9.5節で述べたオキシムもイミンの一種である．一方，第二

† 図11-3のR^1とNを結ぶ波線は窒素原子上の置換基R^1について，C=N二重結合の炭素原子上の置換基R^2とR^3と相対配置の異なる構造が存在することを意味する．

(a)
第一級アミン ＋ ケトンやアルデヒド ⇌ イミン† ＋ H_2O

第二級アミン ＋ (α水素) ⇌ イミニウムイオン ⇌ エナミン ＋ H_2O

(b)
第一級アミン／第二級アミン ＋ L:脱離基 → アミド (－H―L)

●図11-3　イミンおよびエナミンの生成(a)とアミドの生成(b)

級アミンがα水素をもつケトンやアルデヒドと反応するとエナミン*1が生成する．エナミンは，図11-3に示すようにイミニウムイオンが形成されたのち，α水素が脱離することにより生成する．また，第10章(10.2節，10.3節)で述べたように，カルボン酸誘導体と第一級アミン，第二級アミンが反応するとアミドが生成する．

*1 エナミン(enamine)の名称は，二重結合(ene)とアミン(amine)の構造をあわせもつことに由来する．

11.2.2 求電子性を帯びた窒素との反応

発がん性が高い化合物としてニトロソアミンが知られている．ニトロソアミンは，亜硝酸(HNO_2)から生じる求電子性の高いニトロシルカチオン(NO^+)と第二級アミンが反応することによって生成する化合物である．亜硝酸のナトリウム塩は，発色剤として食品に用いられていたが，食品に含まれる第二級アミンと反応し，発がん性の高いニトロソアミンが生じることが指摘され，その使用量は規制されている．

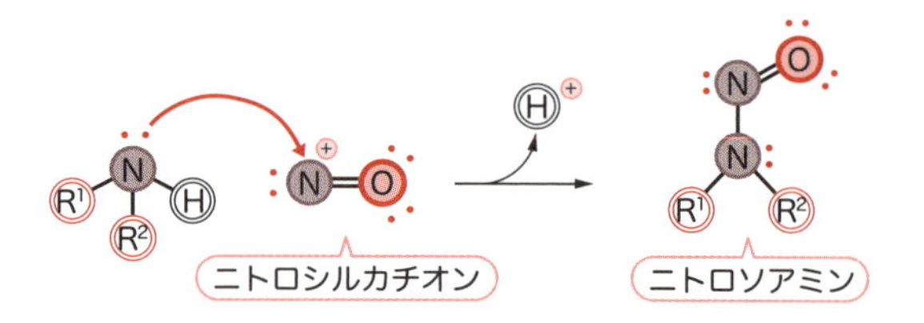

11.2.3 酸素との反応

アミンはとても酸化されやすく，空気中の酸素によって酸化されるものもある．これは，アミンの窒素上の非共有電子対が酸素を攻撃して付加するためである．

図11-4に第一級アミンが酸化される過程を示した．水素が減って，酸素が増えていく様子がわかるだろう．アミンの酸化にはさまざまな反応経路があり，複雑な混合物が得られることが多い．したがって，アミンの酸化を防ぐためには，窒素上の非共有電子対を不活性化する，すなわち，酸と反応させてアンモニウムイオンにしておく，という手法がとられる．前述のイミプラミン塩酸塩は，水溶性の向上だけでなく，アミンを酸化から守り，安定性を確保するという目的もある．

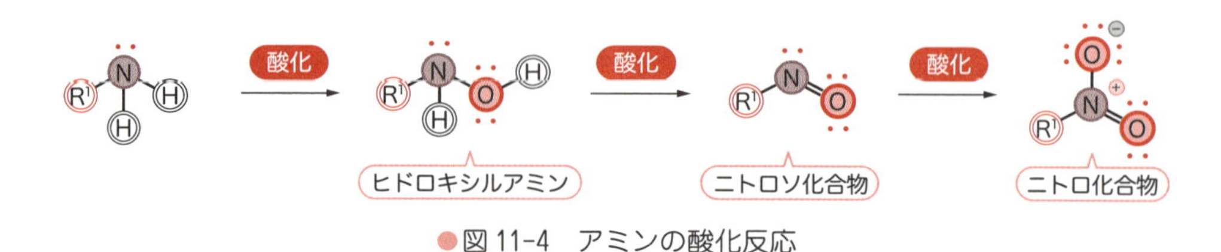

●図11-4 アミンの酸化反応

11.3 身体のなかで働くアミン

私たちの身体のなかではたくさんのアミンが働いている．これらは，アミノ酸を原料として身体のなかで生合成されている．生体内アミンを図 11-5 に示す．

カテコールアミンは神経伝達物質として知られる．これらは共通して，隣りあった二つのヒドロキシ基が置換したベンゼン環(図 11-5 の色をつけた部分：カテコール)とアミノ基をもっているのでカテコールアミンとよばれる．たとえば，ドパミン，ノルアドレナリン，アドレナリンなどがあり，これらのカテコールアミンをもとにして多くの医薬品(カテコールアミンアナログ)が開発された．セロトニンは，平滑筋収縮作用や止血作用，精神作用にもかかわっている．ヒスタミンも血管拡張作用や胃酸分泌促進などさまざまな作用を示す．GABA(γ-aminobutyric acid)は，γ-アミノ酪酸ともよばれる．中枢神経における神経伝達物質として知られている．

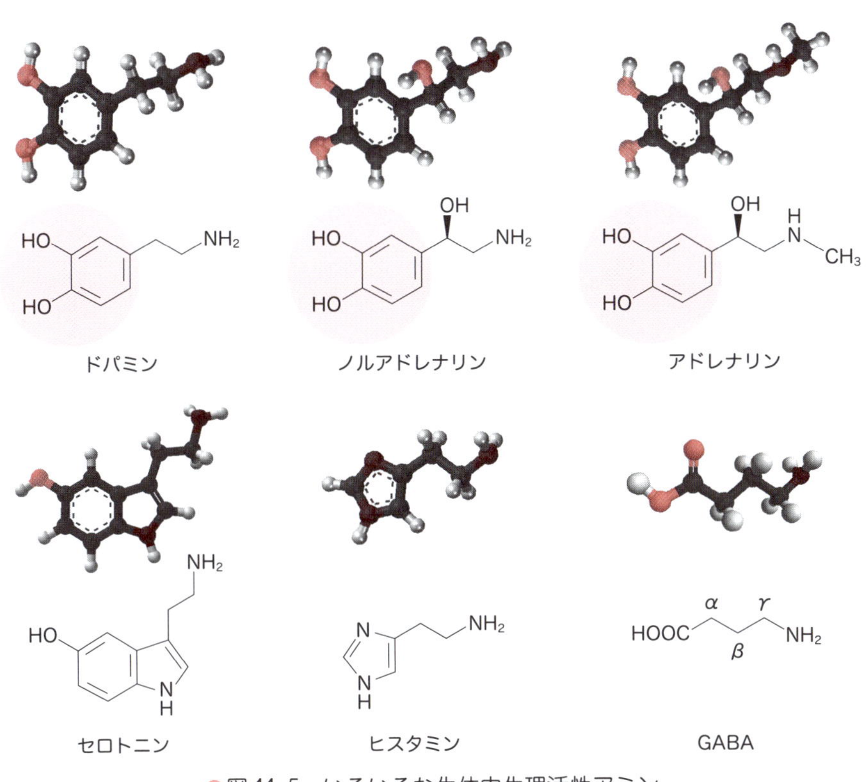

●図 11-5 いろいろな生体内生理活性アミン

ビタミンの定義

ビタミンは，健康を維持するために必要であり，健康食品としても多く流通している．ビタミンという名称には，身体に必要なアミンという意味あいが込められているが，実際にはビタミンC(アスコルビン酸)のようにまったくアミンではなく，酸性を示す化合物も含まれている．現在では，ビタミンの定義は「身体を維持するために不可欠な低分子有機化合物」となっている．

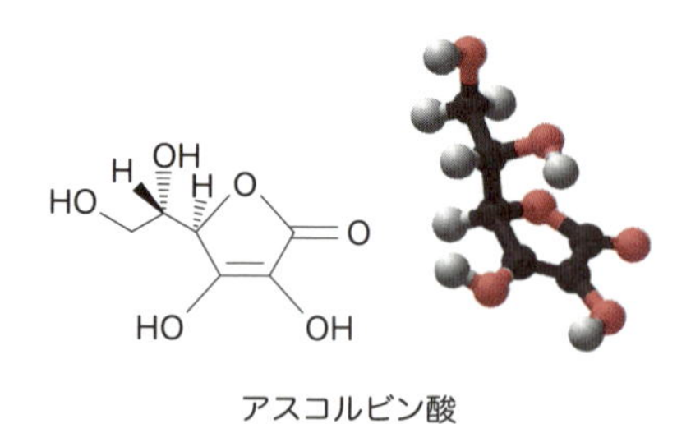

アスコルビン酸

章末問題

（1）次の各化合物群(a)～(c)を塩基性の弱いものから強いものの順に並べよ．
(a)水酸化ナトリウム，メチルアミン，アニリン
(b)アニリン，ジフェニルアミン，メチルアミン
(c)水，メチルアミン，アンモニア

（2）塩基と求核剤の違いを説明せよ．

（3）一般に塩基性の強い分子は求核性も高い．これに対し，求核性の低い塩基であるLDA(lithium diisopropylamide)が存在する．この分子はなぜ求核性が低いのか，説明せよ．

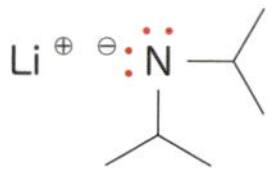

$Li^{\oplus}$ $^{\ominus}$:N

LDA

Chapter 12

生体関連化合物①

タンパク質と糖質

私たちの身体は，タンパク質，糖質，脂質，および核酸でできている．これらはすべて有機化合物であり，私たちの身体はまさに有機体といえる．それぞれがどのような化学構造をもち，どのような役割をはたしているのかを理解しよう．この章では，まずタンパク質および糖質について述べる．

12.1　タンパク質

タンパク質は生物の身体を構成する主要な成分であり，たとえば生命維持のために働いている酵素や受容体，ホルモン，抗体などがタンパク質である．このようないろいろな働きをするタンパク質は20種類程度のアミノ酸が脱水縮合してできた鎖状の高分子化合物である．およそ50個程度以上のアミノ酸が結合した高分子化合物(分子量10000くらい以上)をタンパク質とよび，それ以下の分子量のものをペプチドとよぶ．

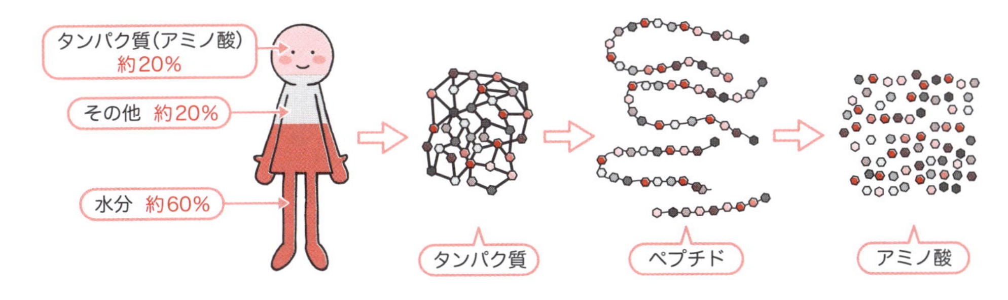

12.1.1 アミノ酸およびペプチド

まず，タンパク質やペプチドを構成するパーツとしてのアミノ酸の構造を見てみよう．アミノ酸という名称からもわかるように，アミノ酸は一つの分子のなかにアミン(アミノ基)とカルボン酸(カルボキシ基)の両方をもっている．

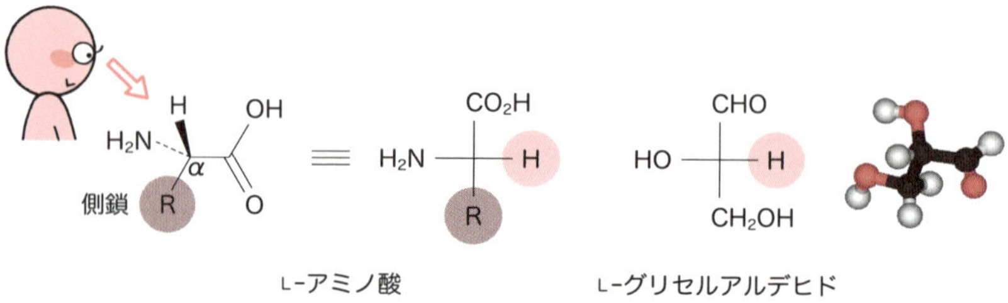

L-アミノ酸　　L-グリセルアルデヒド

●図 12-1　天然の α-アミノ酸(システインを除き S 配置)

生物のタンパク質を構成するアミノ酸は α-アミノ酸(カルボキシ基のカルボニル炭素の隣の炭素にアミノ基が結合している)がほとんどである．図 12-1 に示すように，α-アミノ酸の α 炭素には側鎖(R)が結合しており，R が H の場合(グリシン)を除いて α 炭素は不斉炭素になる．地球上に存在する多くの α-アミノ酸は一方のエナンチオマー，すなわち光学活性体として存在しており，L-アミノ酸とよばれる．L-アミノ酸の L とは酸化の程度が高いカルボキシ基を上にしてフィッシャー投影式を書いた場合，L-グリセルアルデヒドと同じように水素が右にくることを意味する．L-アミノ酸のエナンチオマーは D-アミノ酸であるが，不思議なことに D-アミノ酸は地球上にはほとんど存在しない．このように L または D を使ってアミノ酸の立体化学を表現する方法は，たいへん古くから行われており，後に述べる糖類も同様に D/L を用いて立体化学が表される．一方で，有機化学の分野では，不斉炭素の立体化学を，R/S を用いて表すのが一般的である．L-アミノ酸の立体化学は，システイン以外は S 配置になり，システインだけが R 配置になる．タンパク質を構成する 20 種類の α-アミノ酸を表 12-1 に示す．

アミノ酸は，塩基性を示すアミノ基と酸性を示すカルボキシ基の両方が存在しているので，分子内に正の電荷と負の電荷の両方をもつ双性イオンになりうる．グリシンが水溶液の酸性度の変化に従ってその構造を変えていく様

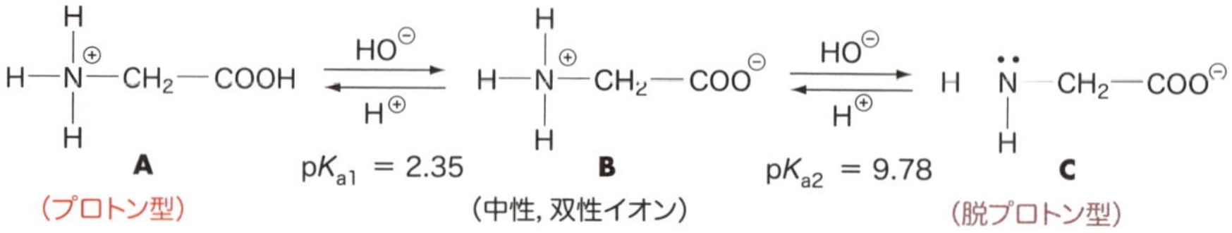

A (プロトン型)　$pK_{a1} = 2.35$　B (中性，双性イオン)　$pK_{a2} = 9.78$　C (脱プロトン型)

●図 12-2　水溶液中のアミノ酸(グリシン)の構造

●表 12-1 タンパク質を構成するアミノ酸

	名 前 (英語名)	三文字表記 (一文字表記)	構 造 式 (非電荷形の表示)	pK_{a1} α-COOH	pK_{a2} α-NH_2	pK_{a3} 側鎖	等電点 pI
中性アミノ酸	グリシン (glycine)	Gly (G)	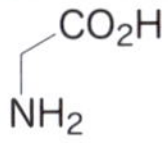	2.35	9.78		6.07
	アラニン (alanine)	Ala (A)	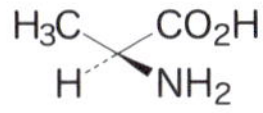	2.35	9.78		6.07
	バリン* (valine)	Val (V)	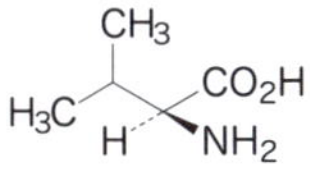	2.29	9.72		6.00
	ロイシン* (leucine)	Leu (L)	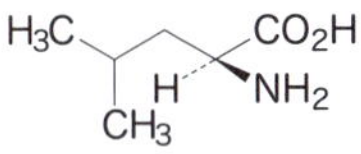	2.33	9.74		6.04
	イソロイシン* (isoleucine)	Ile (I)	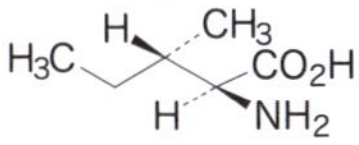	2.32	9.76		6.04
	メチオニン* (methionine)	Met (M)	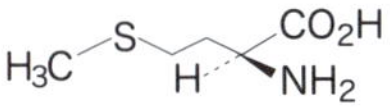	2.28	9.21		5.74
	プロリン (proline)	Pro (P)	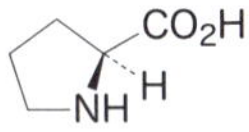	2.00	10.60		6.30
	フェニルアラニン* (phenylalanine)	Phe (F)	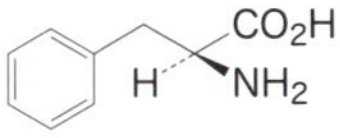	2.58	9.24		5.91
	トリプトファン* (tryptophan)	Trp (W)	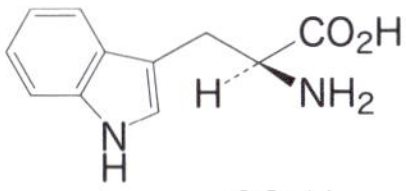	2.38	9.39		5.88
	セリン (serine)	Ser (S)	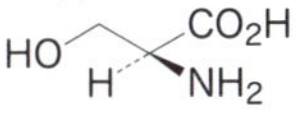	2.21	9.15		5.68
	トレオニン*(スレオニン) (threonine)	Thr (T)	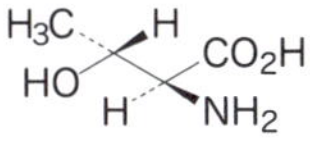	2.09	9.10		5.60
	アスパラギン (asparagine)	Asn (N)	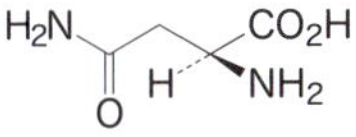	2.02	8.80		5.41
	グルタミン (glutamine)	Gln (Q)	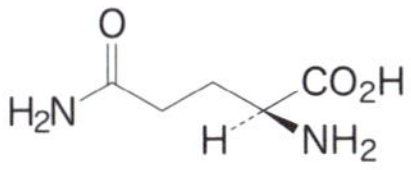	2.17	9.13		5.70
	チロシン (tyrosine)	Tyr (Y)	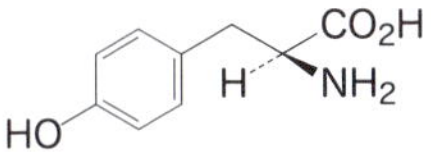	2.20	9.11	10.07	5.66
	システイン (cysteine)	Cys (C)	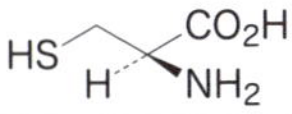	1.86	10.34	8.35	5.11
塩基性アミノ酸	リシン*(リジン) (lysine)	Lys (K)	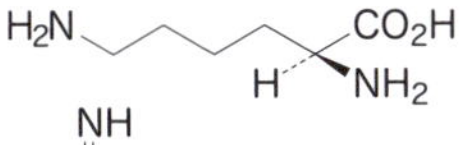	2.18	8.95	10.53	9.74
	アルギニン (arginine)	Arg (R)	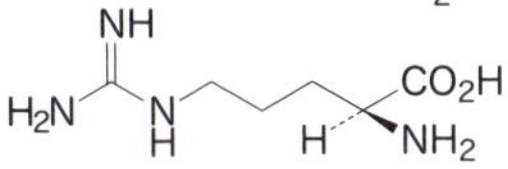	2.01	9.04	12.48	10.76
	ヒスチジン* (histidine)	His (H)	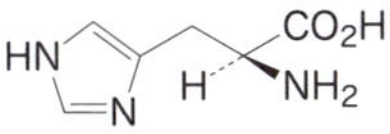	1.77	9.18	6.10	7.64
酸性アミノ酸	アスパラギン酸 (aspartic acid)	Asp (D)	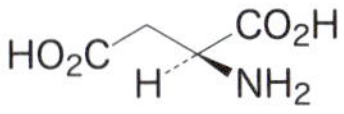	2.10	9.82	3.86	2.98
	グルタミン酸 (glutamic acid)	Glu (E)	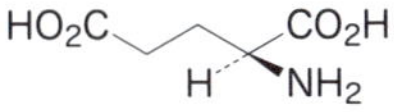	2.10	9.47	4.07	3.08

*印のついたアミノ酸は必須アミノ酸といい，身体のなかでは合成できないため，食べ物から採り入れなくてはならない．

子を図 12-2 に示す．

アミノ酸は pH 1 程度の非常に高い酸性度の水溶液中では，アミノ基がプロトン化されたプロトン型で存在する．水溶液の pH の値が高くなり pH 2 くらいになると，カルボキシ基がプロトンを失う．たとえばグリシンでは一つ目の $\mathrm{p}K_\mathrm{a}$ が 2.35 なので，pH 2.35 において半分のグリシンがカルボキシ基のプロトンを失うと考えられる．さらに pH が高くなり，pH 9～10 程度の塩基性の水溶液になると，プロトン化されたアミノ基（アンモニウムイオン）からプロトンが外れ，脱プロトン型になる．グリシンの二つ目の $\mathrm{p}K_\mathrm{a}$ は 9.78 なので，pH 9.78 において，半分のグリシンがアンモニウムイオンからプロトンを失うと考えられる．このように，アミノ酸には二つの $\mathrm{p}K_\mathrm{a}$ があり，水溶液の pH にかかわらず，常に電荷をもった状態にあることがわかる．また，中性付近では双性イオンになり，互いの電荷を相殺するため，電気的には中性になる．この双性イオンになる pH を等電点とよぶ．アミノ酸の水に対する溶解度は水溶液の pH が等電点に等しいときに最も低くなる．

アミノ酸は片方にアミノ基，もう片方にカルボキシ基をもつので，それぞれがもう一分子のアミノ酸のカルボキシ基，アミノ基と脱水縮合してアミド結合[*1]を形成する（図 12-3）．このようなアミド結合が繰り返されて，ペプチドやタンパク質ができる．

＊1 アミノ酸の縮合したアミド結合をとくにペプチド結合という．

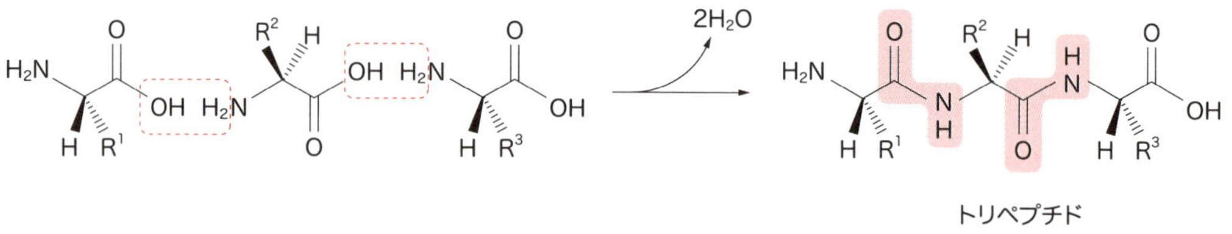

トリペプチド

●図 12-3 アミド結合の形成

図 12-3 からわかるように，ペプチド鎖がどんなに長くなっても一方の端はアミノ基であり，もう一方の端はカルボキシ基である．アミノ基側の端を N 末端とよび，カルボキシ基の端を C 末端とよぶ．ペプチドやタンパク質の構造を書くときは，左に N 末端，右に C 末端としてアミノ酸を並べて書くのが一般的である．

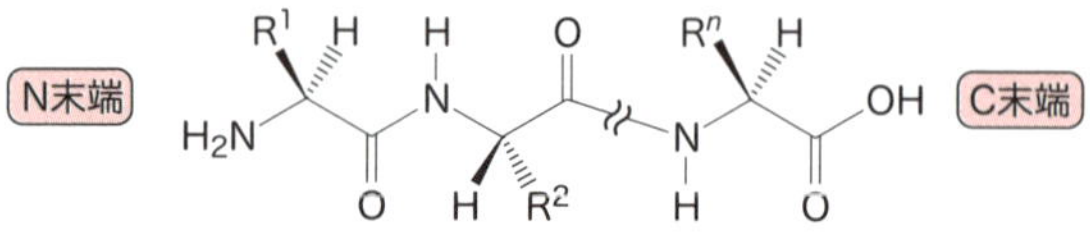

12.1.2 タンパク質

タンパク質は，50 個以上のアミノ酸がアミド結合してできている．12.1.1

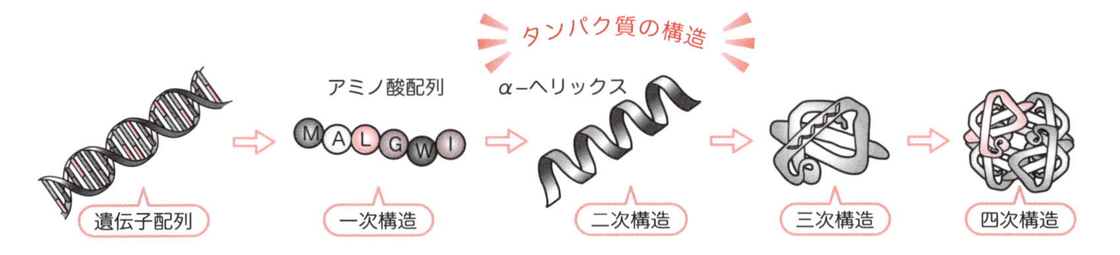

項で述べたように，タンパク質はアミノ酸がそれぞれの端と端で連なったポリペプチドの一本鎖の構造で，これをタンパク質の一次構造とよぶ．実際には一次構造に含まれる多くのアミド結合が相互作用するため，タンパク質は直線状の構造ではなく，らせん状(α-ヘリックス)やジグザグ状(β-シート)になった立体的な構造をとっている．これらは二次構造とよばれる．二次構造をもったタンパク質がさらに複雑に相互作用して三次構造，四次構造(複数のタンパク質どうしが会合)がつくられる．

タンパク質の機能は，三次構造や四次構造がもたらす立体構造に深くかかわっている．酵素や受容体の主成分はタンパク質であり，その立体構造が変化するとそれらの機能も変化する．これを変性という．タンパク質の変性は，温度の変化や酸性・塩基性の変化，有機化合物(アルコールなど)の添加，および紫外線の照射などによって起こる．殺菌や消毒をするときに，煮沸したり，アルコールを用いたり，紫外線を照射したりするのは，タンパク質を変性させるためである．逆に，タンパク質である酵素が変性せず，正常に働くためには，最適な温度や酸性度(塩基性度)を保ち，機能を発現するのに必要な立体構造が保たれる必要がある．

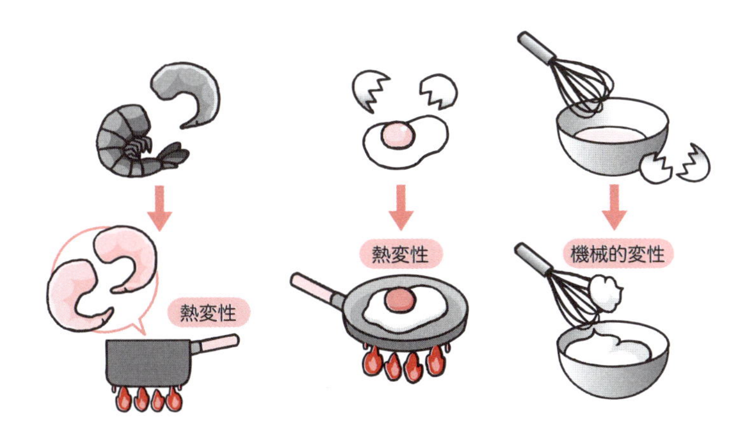

12.1.3 タンパク質の働き

医薬品の標的分子となる酵素や受容体もタンパク質である．酵素は，身体のなかで起こる有機化学的な反応を触媒する役割をしている．触媒としての

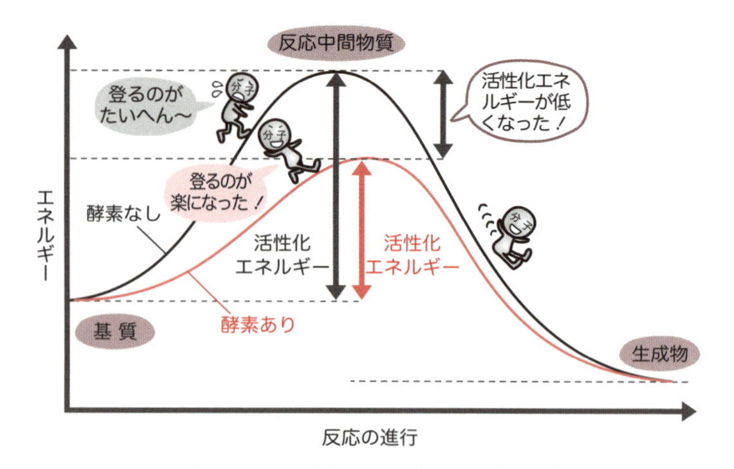

●図 12-4　反応速度と活性化エネルギー
酵素（触媒）は化学反応に必要な活性化エネルギーを減少させる．

役割は化学触媒と変わりなく，反応における活性化エネルギーを小さくすることによって反応速度を大きくし，反応を進みやすくする（図 12-4）．

酵素と化学触媒との相違は，酵素がタンパク質であるという点である．酵素が触媒作用を示すために必要な活性部位では，基質が三次元的にフィットし，それを取り囲む多くのアミノ酸残基がもつヒドロキシ基やカルボキシ基，およびアミノ基などの官能基が水素結合や静電的相互作用などをもたらして化学反応を進みやすくしている．

一方，受容体は細胞間の情報伝達に関与する情報の受け取り口のような役割である．受容体は細胞膜や核内に存在し，それぞれの受容体に特異的な情報伝達物質（リガンド）がある．リガンドにはホルモンやプロスタグランジンなどがあるが，これらリガンドが受容体に結合することによって，直接的もしくは二次的に情報が細胞内へ伝達され，生体反応としてさまざまな応答がなされていく（1 章図 1-6 参照）．

タンパク質は，栄養源としても働く．食事によって体内に取り込まれたタンパク質は，消化酵素によってペプチド結合（アミド結合）が分解されてアミノ酸になり，小腸で吸収される．吸収されたアミノ酸は血流にのって体内のさまざまな組織に運ばれ，細胞内でタンパク質合成の原料になったり，さらに分解されたりする．このようなタンパク質（アミノ酸）の代謝過程の異常は重篤な疾患を引き起こす．たとえば，フェニルケトン尿症は，体内に摂取されたフェニルアラニンからチロシンを生合成するステップに問題があり，体

CO_2H, H, NH_2 → HO, CO_2H, H, NH_2

L-フェニルアラニン　　L-チロシン

内にフェニルアラニンが蓄積した結果，脳神経症状などが生じる疾患である．

12.2 糖 質

糖質という言葉から，甘い砂糖をイメージする人が多いかもしれないが，糖質の種類は非常に多く，その機能は栄養源，エネルギー源だけでなく，細胞間の情報伝達や医薬品の活性発現の鍵となるなど，多岐にわたった働きをしている．糖質は，炭水化物(carbohydrate)ともよばれるが，このよび方は，その多くが炭素の水和物であることに由来している．現在では，より幅広くとらえ，$C_nH_{2n}O_n$(n は 3 以上の整数)の分子式で表される脂肪族ポリヒドロキシ化合物とそれらの誘導体をまとめて糖質と総称している．

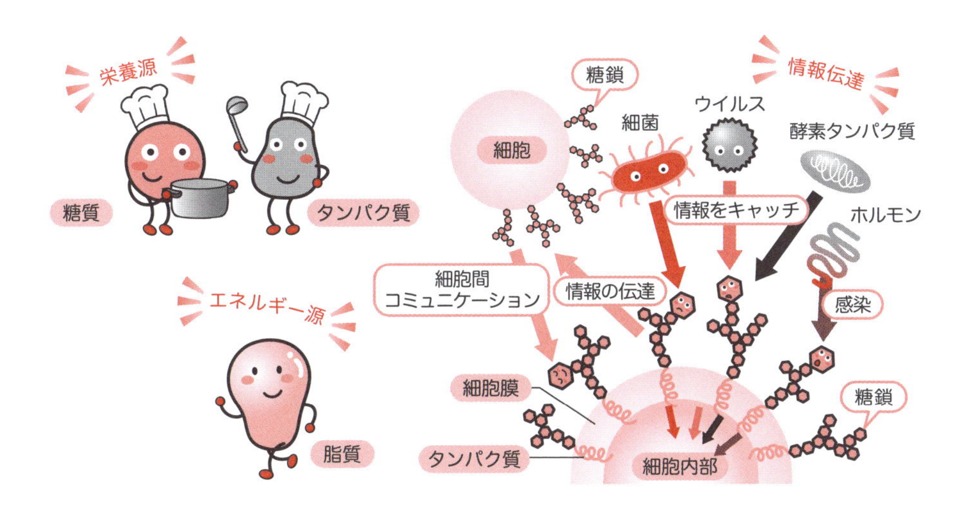

12.2.1 単 糖 類

単糖類は，糖類の基本単位であり，炭素数が 3 ～ 9 個のポリヒドロキシアルデヒド，またはポリヒドロキシケトンの構造をしている．単糖に含まれるヒドロキシ基やホルミル基，ケト基は極性が高い官能基であるため，単糖類は水溶性が高い．炭素数が三つの単糖はトリオース(三単糖)とよばれ，以降，テトロース(四単糖)，ペントース(五単糖)，ヘキソース(六単糖)，ヘプトース(七単糖)，オクトース(八単糖)となる．さらに，アルデヒド(ホルミル基)がある場合はアルドース，ケトン(ケト基)がある場合は，ケトースとよばれる．これらをあわせて名前をつけるので，たとえば，炭素数が 6 個でアルデヒドをもつ単糖は，アルドヘキソースとよばれる．単糖には不斉炭素が存在し，光学活性体として存在している．したがって，それぞれの不斉炭素の立体化学を明らかにする必要がある．

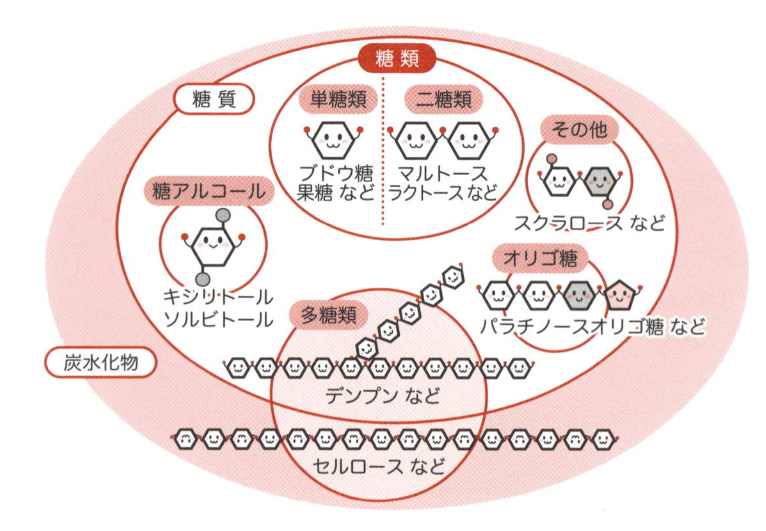

単糖類の立体化学は，12.1.1 項で述べたアミノ酸と同様に，グリセルアルデヒドの立体化学を元にして D/L 表記を用いてフィッシャー投影式で表されるのが一般的である．酸化数の高い官能基としてアルデヒド(ホルミル基)もしくはケトン(ケト基)を上にしてフィッシャー投影式を書いた場合，これらカルボニル基から最も遠い不斉炭素に結合したヒドロキシ基が D-グリセルアルデヒド(図 12-5)と同じように右側であれば D-糖とよばれる．逆に，L-グリセルアルデヒド(12.1.1 項)と同じようにヒドロキシ基が左側であれば L-糖とよばれる．不思議なことに地球上で L-糖の存在する割合は，D-糖に比べてたいへん少ない．図 12-5 に D-アルドースをフィッシャー投影式で表す．

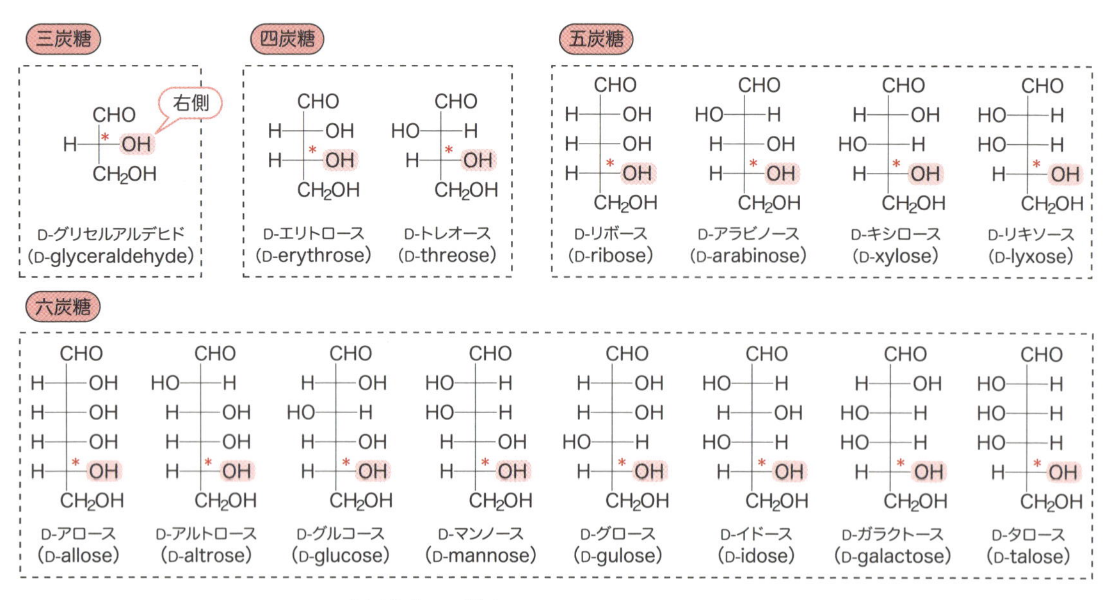

図 12-5 D-糖（*印に置換する OH はすべて右側）

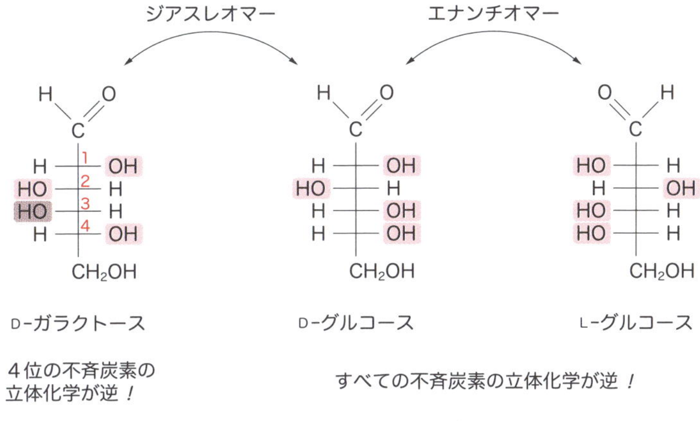

●図 12-6 D-グルコースと D-ガラクトース

＊印をつけた炭素のヒドロキシ基が右側にあり，すべて D-糖であることがわかるだろう．

図 12-5 に示される八つの六炭糖の D-アルドース(D-アルドヘキソース)は不斉炭素の立体化学がそれぞれ異なるので，D-グルコースや D-ガラクトースといった特定の名称をつけて区別されている．D-グルコースのエナンチオマーは L-グルコースであり，すべての不斉炭素の立体化学が逆になるが，D-グルコースと D-ガラクトースを比較すると，4 位のヒドロキシ基の立体化学だけが異なり，互いにジアステレオマーであることがわかる(図 12-6)．

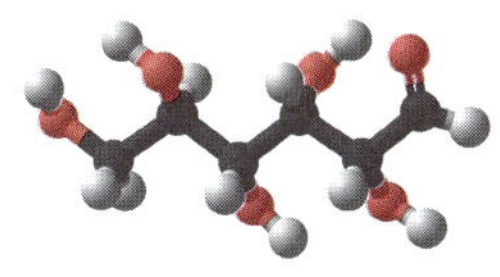
D-グルコース

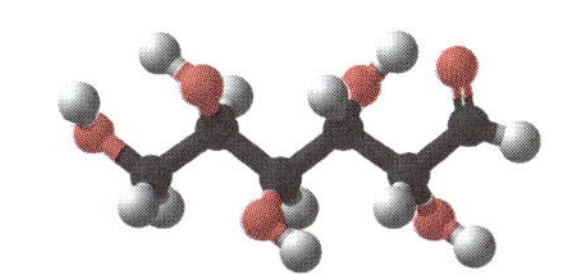
D-ガラクトース

単糖類はすでに述べたように分子内にホルミル基やケト基およびヒドロキシ基をもっている．ホルミル基やケト基に対し，分子内のヒドロキシ基が近づくと，求核付加反応が起こり，環状ヘミアセタールが形成される．このような分子内の求核付加反応は，安定な五員環や六員環の環状構造をもたらすときに進行するので，図 12-6 の五単糖や六単糖は一般に水中では環状の構造でも存在する．このような単糖の環状ヘミアセタール構造のうち，五員環のものをフラノースとよび，六員環のものをピラノースとよぶ．たとえば，D-リボースが五員環のヘミアセタールを形成すると D-リボフラノース，D-グルコースが六員環のヘミアセタールを形成すると D-グルコピラノース，とよばれる．

環状ヘミアセタールが形成されるとき，1 位に新しく不斉炭素が生じるが，この 1 位をアノマー位とよび，1 位から最も遠い不斉炭素(5 位の炭素，C5)のもつヒドロキシメチル基の向きとアノマー位のヒドロキシ基の向きが逆の場合を α-アノマーとよぶ．反対に 1 位から最も遠い不斉炭素のもつ水素の向きとアノマー位の水素の向きが同じ場合を β-アノマーとよぶ．糖の環状ヘミアセタール構造の立体化学を表現するために二通りの表し方(いす形とハース式)がある(図 12-7)．

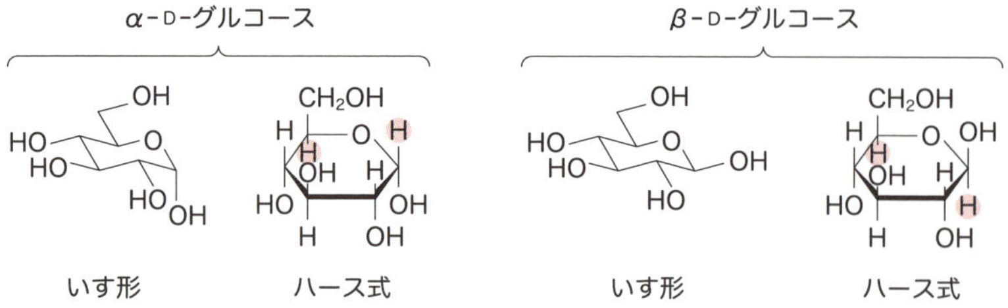

α-D-グルコース　　β-D-グルコース

いす形　ハース式　いす形　ハース式

●図 12-7　環状ヘミアセタールとしての D-グルコースの構造の表し方

ハース式では，五員環や六員環が平面状に記され，ヒドロキシ基などはこの平面に対して上向きか下向きかがはっきりわかるように示されるので立体化学を把握するのに向いている．しかし，実際の D-グルコピラノースはいす形で表されるような立体構造をとっており，ヒドロキシ基がエクアトリアルの配置をとっている．実際の糖の立体構造を理解するためにはいす形の表し方のほうが向いている．

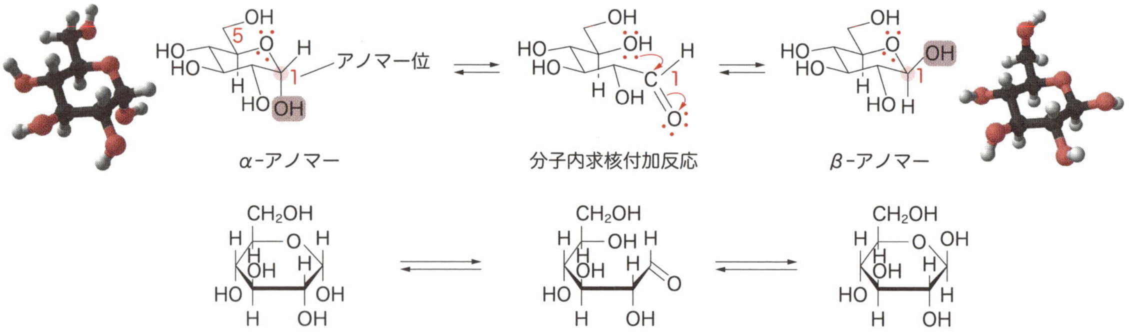

アノマー位

α-アノマー　分子内求核付加反応　β-アノマー

これまで述べたように，単糖類は複数の不斉炭素によって生じる光学異性体に加えて，分子内環状ヘミアセタール構造と直鎖状構造との平衡状態もあり，その化学構造はたいへん複雑である．しかし，この複雑さが生命現象における情報素子としての役割を担う重要な要素なのである．以下，生命現象にかかわりの深い単糖類をあげる．

① D-グルコース

D-グルコースは天然に最も豊富に存在する糖であり，ブドウ糖ともよばれる．D-グルコースの血液中の濃度を調べた値が血糖値である．D-グルコースは環状五員環ヘミアセタール構造(グルコフラノース)をとることもできるが，実際には六員環の環状構造(グルコピラノース)がほとんどである．

② D-ガラクトース

D-ガラクトースは後に述べる二糖類であるラクトースを構成する単糖である．六員環の環状構造をとることが多い．

β-D-ガラクトース

③ D-フルクトース

D-フルクトースは果糖ともよばれ，甘みの強い糖である．D-フルクトースは2位にケト基をもつケトヘキソースであり，水溶液中では五員環の環状ヘミアセタール構造のD-フルクトフラノースと六員環の環状ヘミアセタール構造のD-フルクトピラノースの両方で存在する．

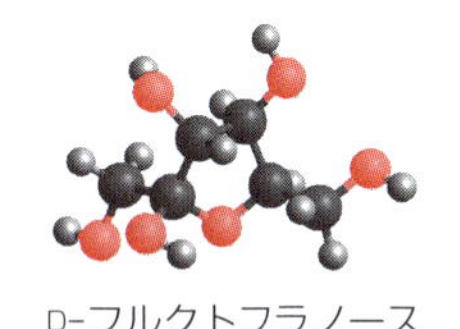
D-フルクトフラノース

D-フルクトース　D-フルクトフラノース　D-フルクトピラノース

12.2.2 二 糖 類

糖類の基本単位である単糖が二つ連結したものが二糖類である．糖類は一つの糖のヘミアセタールがもう一つの糖のヒドロキシ基と脱水縮合してアセタールを形成する，いわゆるグリコシド結合によって連結される(図 12-8)．グリコシド結合もアノマー位の立体化学によって α 結合，β 結合に分けられる．

H_2O

グリコシド結合

●図 12-8　グリコシド結合

代表的な二糖類を図 12-9 に示す．

① マルトース

2分子のD-グルコピラノースがグリコシド結合(α 結合)して生成した二糖がマルトースであり，麦芽糖ともよばれる水あめの主成分である．デンプンをアミラーゼ(酵素)で加水分解するとマルトースが得られる．

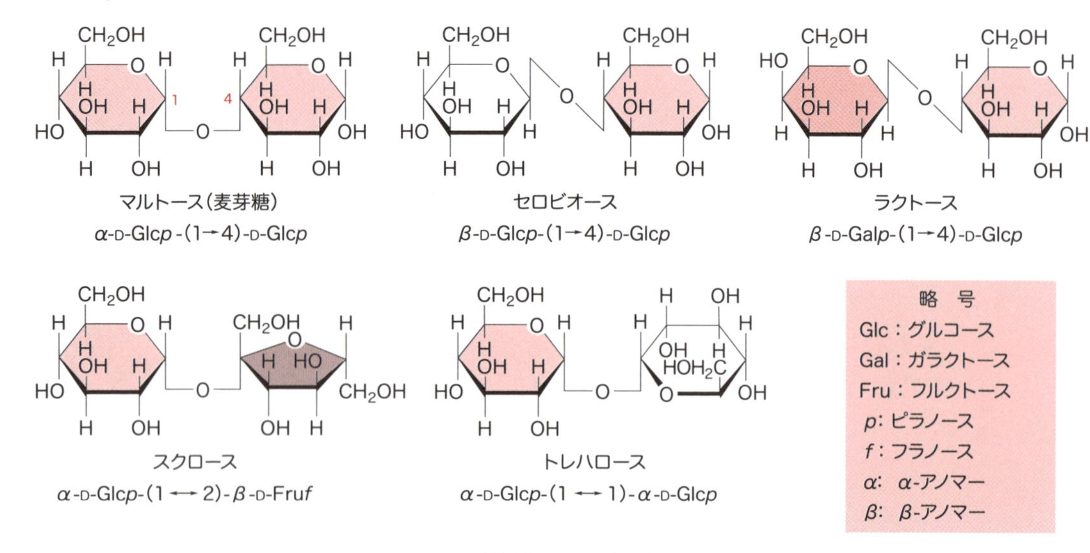

●図 12-9 二糖類

② **セロビオース**

マルトースと同様に 2 分子の D-グルコピラノースがグリコシド結合(β 結合)して生成した二糖がセロビオースである.

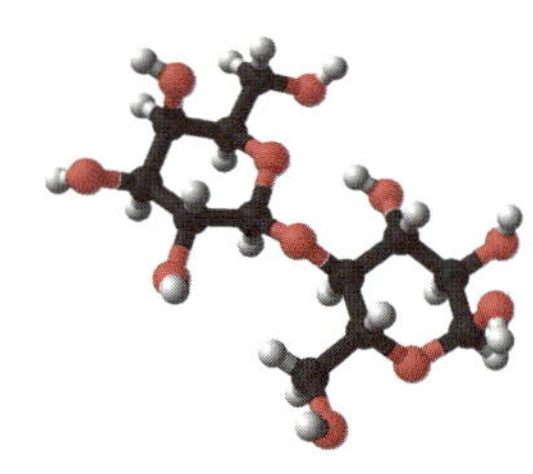

ラクトース

③ **ラクトース**

D-グルコピラノースと D-ガラクトピラノースがグリコシド結合(β 結合)して生成した二糖がラクトースであり，乳糖ともよばれる．牛乳を飲むとお腹をこわす人は，牛乳に含まれるラクトースを分解する酵素(ラクターゼ)が腸に少ないためといわれている.

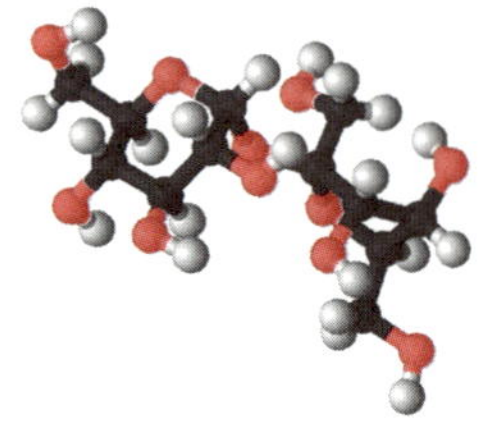

スクロース

④ **スクロース**

D-グルコースと D-フルクトフラノースがグリコシド結合して生成した二糖がスクロース(ショ糖)である．スクロースを加水分解するとその成分である D-グルコースと D-フルクトフラノースになる．D-フルクトフラノースの甘みはとても強いので，この二糖の混ざったものは，元のスクロースより甘く，転化糖とよばれる.

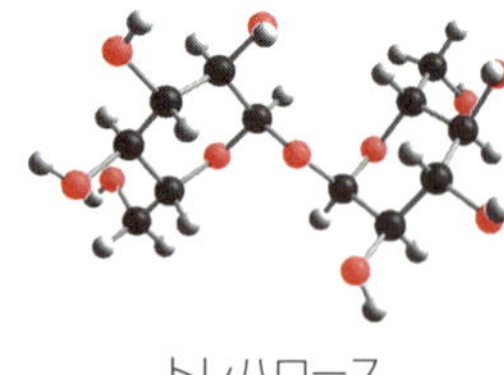

トレハロース

⑤ **トレハロース**

2 分子の D-グルコピラノースが 1 位どうしでグリコシド結合して生成した二糖がトレハロースであり，キノコや昆虫の体液中に含まれる．最近では，保湿成分として食品や化粧品にも用いられている.

12.2.3 多糖類

非常に多くの単糖がグリコシド結合によって連結されて生成するものが多糖類である．植物の細胞壁を構成したり，動物の栄養源として貯蔵されたり，さまざまな機能をもっている．代表的な多糖類について記す(図 12-10).

●図 12-10 多 糖 類

① セルロース

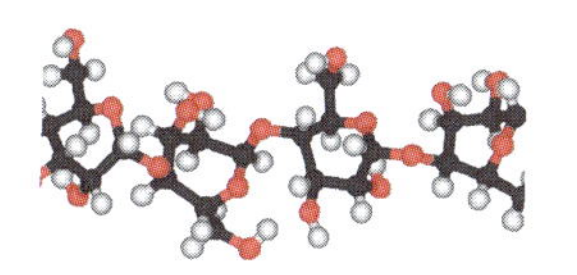
セルロース

D-グルコピラノースが 1 位と 4 位で 3000 個程度グリコシド結合（β 結合）して生成した多糖がセルロースである．糖鎖としては直線状の構造をしているが，それぞれの糖鎖のヒドロキシ基が横に並んで水素結合を形成するため，剛直な構造をとる．そのため，植物の細胞壁に使われたり，植物の繊維を形づくったりするために使われる．

② デンプン

デンプンは，D-グルコピラノースが 1 位と 4 位で α 結合を繰り返してできるアミロースと，D-グルコピラノースが 1 位と 6 位で α 結合した枝分れ構造をもつアミロペクチンを構成成分としている．アミロース部分は水素結合によってらせん状の構造をとっているが，デンプンの確認反応であるヨウ素デンプン反応では，らせんの内部にヨウ素が入り込むことで紫色を呈する．デンプンは，植物が余ったグルコースを栄養源として蓄えるためにつくるものである．イモ類や米などに多く含まれている．

③ グリコーゲン

植物の貯蔵用の多糖がデンプンであるのに対し，動物の貯蔵用の糖はグリコーゲンである．アミロペクチンと同様に D-グルコピラノースが 1 位と 4 位で α 結合を繰り返しているアミロースだけでなく，D-グルコピラノースが 1 位と 6 位で α 結合した枝分れ構造のものもある．グリコーゲンは運動をしたときなどに筋肉細胞中で D-グルコピラノースに変換され，エネルギー源となる．

以上述べてきた糖質は，食品として体内に取り入れられると，さまざまな消化酵素の作用を受けて加水分解される．たとえば，デンプンは唾液や膵液から分泌される α-アミラーゼによって二糖類であるマルトースに加水分解

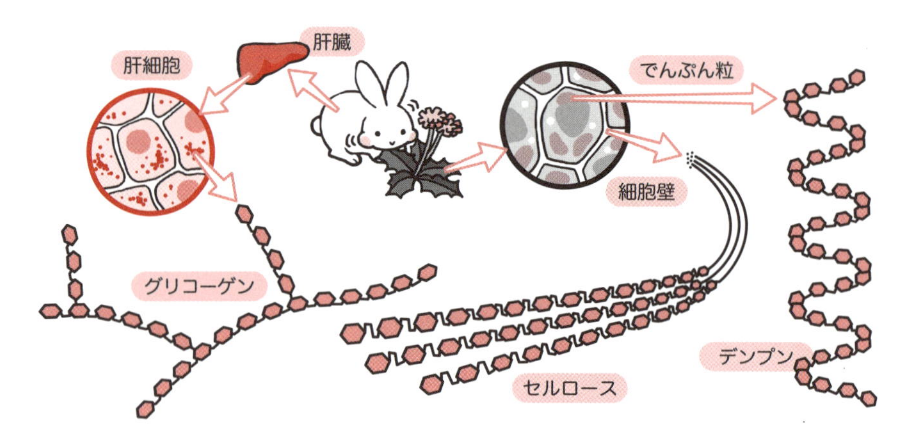

される．マルトースは小腸でマルターゼの作用によりグルコースに加水分解される．このように多くの糖質が最終的には単糖類になり，小腸粘膜の上皮細胞で吸収され，その後の変換を経て体内でのエネルギー生産に用いられる．ただし，β-グルコシド結合をもつセルロースに対してはヒトの消化酵素が働かないので，グルコースに加水分解されず，栄養として用いられない．

最近では，血液中のグルコースの濃度(血糖値)を測定することができるようになった．血糖値の高い人は糖尿病になりやすいといわれ，健康診断などでチェックされる項目の一つになっている．

章末問題

(1) タンパク質を構成する天然型のアミノ酸のうち，塩基性アミノ酸と酸性アミノ酸を構造式で記せ．

(2) α-D-ガラクトピラノースのフィッシャー投影式を参考にして，β-D-ガラクトピラノースのフィッシャー投影式といす形の図を書け．

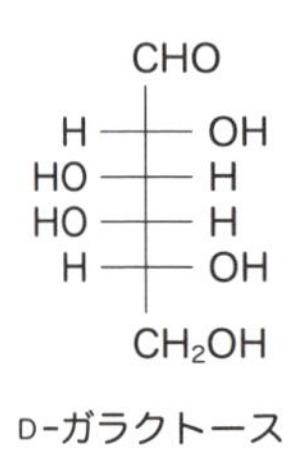

D-ガラクトース

(3) 結晶の D-グルコースはほとんど α-アノマーとして存在する．これを水に溶かしてすぐに旋光度をはかると +112° くらいだった．しばらくしてから同じ水溶液の旋光度をはかると +53° くらいになり，その後，旋光度は変化しなかった．この現象を説明せよ．

Chapter 13

生体関連化合物②

脂質と核酸

12章に引き続き，生体を構成する物質として脂質と核酸について学ぼう．

13.1 脂　質

脂質の特徴は，水に溶けず，クロロホルムやベンゼンのような有機溶媒に溶ける，すなわち脂溶性をもつということである．これまで学んできたアミノ酸や糖が水溶性であることと比べると，この点は非常に重要である．脂質はもともとこの「水に溶けない」という物性を基準としてグループ分けされた化合物群であり，その化学構造の共通項を簡単にいい表すことができない．もちろん，脂溶性が生じる原因としては，構造中に極性基が少なく，非極性基(アルキル基など)の割合がとても多いことがあげられるので，ある程度の共通する部分構造を見つけることはできる．

脂質は大きく二つのグループに分けられる．「加水分解されるもの」と「加水分解されないもの」である．前者はエステル構造をもち，脂肪酸とグリセロール(グリセリン)が生じる．加水分解される脂質は，単純脂質と複合脂質に分けられ，細胞壁や生体膜の重要な構成成分となったり，貯蔵脂肪としてエネルギーの貯蔵に役立ったりする．一方，加水分解されない脂質にはコレステロールのようなステロイドやテルペノイド，プロスタグランジンなど，さまざまな化学構造をもつ生理活性物質が含まれる．ここでは，加水分解さ

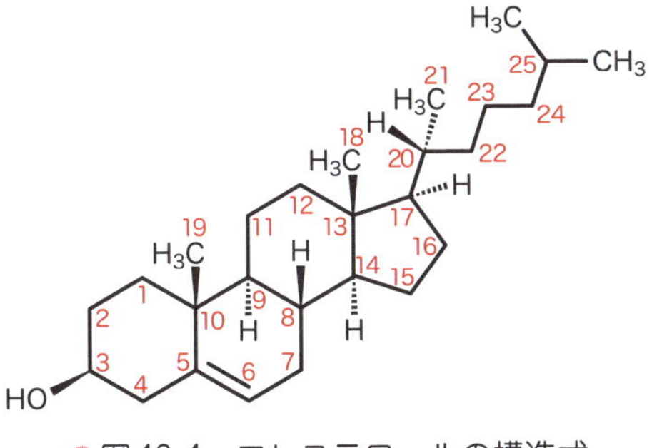

●図 13-1　コレステロールの構造式

れる脂質について述べる．

13.1.1 単純脂質

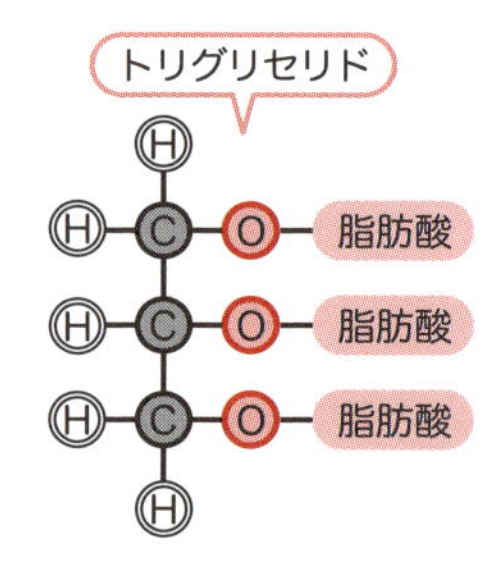

単純脂質には中性脂肪（トリアシルグリセロール，トリグリセリド）と「ろう」がある．中性脂肪はグリセロールと長鎖脂肪酸がエステル結合したもので，いわゆる「脂肪」としてエネルギー源になる．一方，ろうは，長鎖脂肪酸と長鎖アルコールがエステル結合したものである．

（a）中性脂肪

中性脂肪（トリアシルグリセロール，トリグリセリド）は，グリセロールの三つのヒドロキシ基のすべてが長鎖脂肪酸とエステル結合したトリエステルである．したがって，中性脂肪 1 分子を加水分解すると 3 分子の長鎖脂肪酸とグリセロールが生じる（図 13-2）．

フィッシャー投影式 ≡ 中性脂肪 —加水分解→ グリセロール（グリセリン） + 脂肪酸（R^1CO_2H, R^2CO_2H, R^3CO_2H）

●図 13-2　中性脂肪の加水分解

加水分解によって生じる長鎖脂肪酸はカルボン酸であるが，アルキル基の部分の炭素数は一般に 14，16，18 および 20 が多く，疎水性が高い．このように長い炭化水素の部分に二重結合が含まれる場合は不飽和脂肪酸とよばれ，単結合のみの脂肪酸は飽和脂肪酸とよばれる．代表的な脂肪酸を表 13-1 に示す．

飽和脂肪酸はファンデルワールス力が強く働き，密にパッキングするため融点が高くなる．一方，不飽和脂肪酸の二重結合はシス形（4 章 p. 36 を参照）のため炭素鎖が折れ曲がり，密にパッキングすることができず，融点が低くなる．中性脂肪（トリグリセリド）は常温で固体であれば脂肪とよばれ，常温で液体であれば脂肪油とよばれる．脂肪と油の違い，すなわち，固体であるか液体であるかの違いは，脂肪酸の長さと不飽和度（二重結合をいくつもっているか）に関係している．

中性脂肪をアルカリ性条件下で加水分解すると，脂肪酸の塩が生成する．この反応をけん化といい，けん化によって生じる長鎖脂肪酸塩をセッケンとして用いている．セッケンは，長いアルキル鎖の部分が疎水性で，カルボン酸塩の部分が水溶性になるので，両親媒性分子として水中でミセルを形成し，油汚れを内部に取り込むので洗剤として用いられている（図 13-3）．

●表 13-1　飽和脂肪酸と不飽和脂肪酸

炭素数	名 称	構造式	融点(℃)
飽和脂肪酸			
C_{12}	ラウリン酸 (lauric acid)	$H_3C-(CH_2)_{10}-CO_2H$	44
C_{14}	ミリスチン酸 (myristic acid)	$H_3C-(CH_2)_{12}-CO_2H$	58
C_{16}	パルミチン酸 (palmitic acid)	$H_3C-(CH_2)_{14}-CO_2H$	63
C_{18}	ステアリン酸 (stearic acid)	$H_3C-(CH_2)_{16}-CO_2H$	70
C_{20}	アラキジン酸 (arachidic acid)	$H_3C-(CH_2)_{18}-CO_2H$	75
不飽和脂肪酸			
C_{16}	パルミトレイン酸 (palmitoleic acid)	9, CO_2H, CH_3	−0.5〜0.5
C_{18}	オレイン酸 (oleic acid)	9, CO_2H, CH_3	13.4
C_{18}	リノール酸 (linoleic acid)	9, 12, CO_2H, CH_3	−5
C_{18}	リノレン酸 (linolenic acid)	9, 12, 15, CO_2H, CH_3	−11
C_{20}	アラキドン酸 (arachidonic acid)	5, 8, 11, 14, CO_2H, CH_3	−50

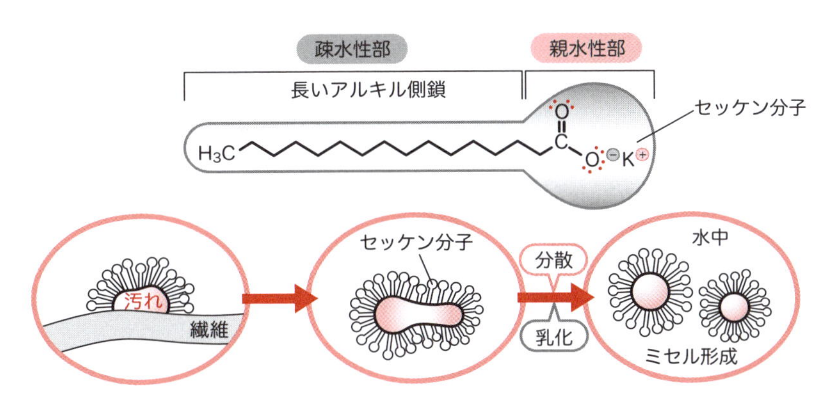

●図 13-3　セッケンの働き

（b）ろう

ろうは，脂肪酸の炭化水素の炭素数が多いだけでなく，エステル結合しているアルコールのもつ炭素数も多い(図 13-4)．したがって，ろうは水をはじく性質を利用して，ワックスとして利用したり，ろうそくの原料にもなっている．また，非常に疎水性が高くなるので，この性質を活かして蜜ろうなどがつくられた．

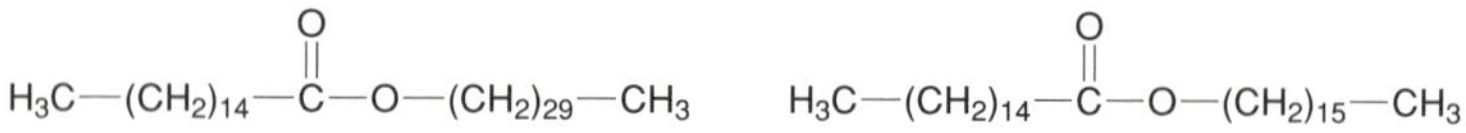

$H_3C-(CH_2)_{14}-C(=O)-O-(CH_2)_{29}-CH_3$

パルミチン酸ミリシル
(蜜ろうの成分の一つ)

$H_3C-(CH_2)_{14}-C(=O)-O-(CH_2)_{15}-CH_3$

パルミチン酸セチル
(鯨ろうの成分の一つ)

●図 13-4 ろう

13.1.2 複合脂質

複合脂質はリン脂質と糖脂質に分けられる．いずれも脂肪酸を共通成分としてもつが，リン酸やグルコースなどの糖類，アミノ酸なども含まれる．複合脂質は種類がとても多く，生体膜成分として重要な働きをしている．

（a）リン脂質

リン脂質は，リン酸エステルの構造をもっており，細胞膜や筋肉，脳などにも存在する．リン脂質には，グリセロリン脂質とスフィンゴリン脂質がある．グリセロリン脂質は，グリセロール-3-リン酸の二つのヒドロキシ基に脂肪酸がエステル結合した構造(ホスファチジン酸)を基本とする．このホスファチジン酸の 3 位のリン酸部分がリン酸エステル化され，さまざまなグリセロリン脂質になる．たとえば，3 位のリン酸の －OX 部分にコリンが結合したものがホスファチジルコリンであり，グリセロリン脂質の一種である(図 13-5)．

一方，スフィンゴリン脂質は，グリセロールの代わりにスフィンゴシンを基本骨格としている．スフィンゴシンの 2 位のアミノ基が脂肪酸によってアミド化されたものはセラミドとよばれる．スフィンゴリン脂質は，セラミド

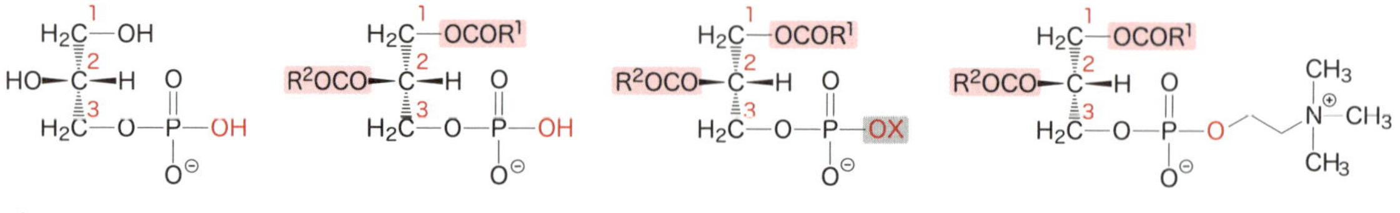

グリセロール-3-リン酸　ホスファチジン酸　グリセロリン脂質　ホスファチジルコリン

●図 13-5 さまざまなリン脂質

スフィンゴシン
セラミド
スフィンゴ脂質
X: 親水性基
スフィンゴミエリン
(スフィンゴリン脂質)

●図 13-6　スフィンゴ脂質の構造

の1位のヒドロキシ基がリン酸エステル化されたものである．スフィンゴリン脂質には，スフィンゴミエリンがある(図 13-6)．

グリセロリン脂質やスフィンゴリン脂質に含まれるリン酸部位は，水溶液中ではアニオンになり，水溶性が高まる．一方でアルキル長鎖部分は炭素数が多く疎水性になるので，リン脂質は，分子内に水溶性と疎水性の両方が存在する両親媒性物質になる．リン脂質の両親媒性は水と油のどちらにもなじむので，生体膜を構成する主要な成分になっている．

(b) 糖脂質

糖脂質はリン酸を含まず，アルコールと脂肪酸と糖から構成され，グリセロールを基本骨格とするグリセロ糖脂質とスフィンゴシンを基本骨格とするスフィンゴ糖脂質に分類される．スフィンゴ糖脂質は，血液型などにも関与している(図 13-7)．

中性脂肪(トリグリセリド，トリアシルグリセロール)は，いわゆる「脂

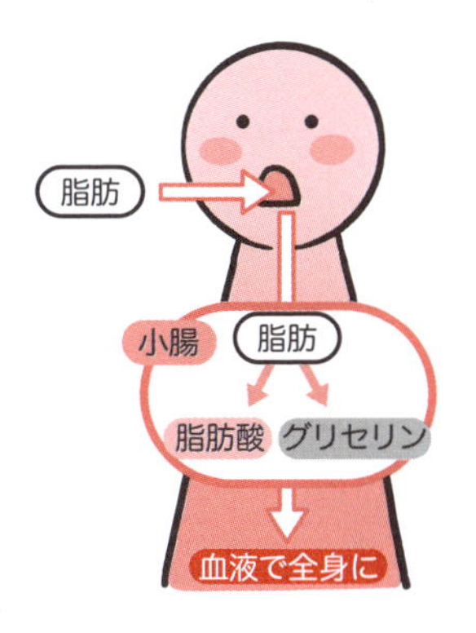

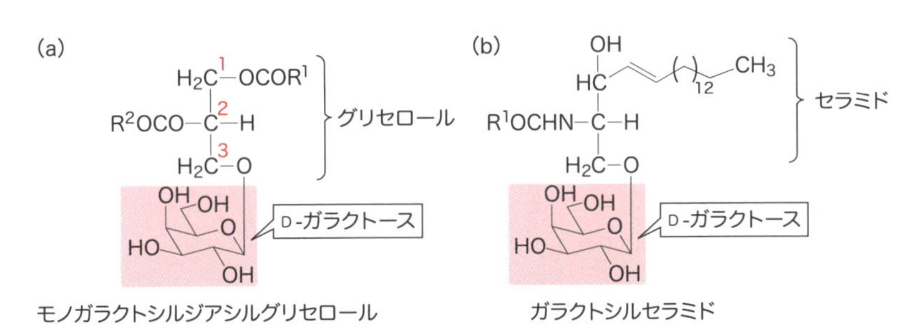

●図 13-7　糖脂質の構造
(a) グリセロ糖脂質(グリセロール骨格をもつ)，(b) スフィンゴ糖脂質(セラミド骨格をもつ)．

肪」であり，エネルギー源として生体内の脂肪細胞に長期間貯蔵される．中性脂肪は，すい臓から分泌されるリパーゼによって加水分解される．生じた脂肪酸は血流にのってさまざまな組織へ到達し，そこでさらに代謝される．生体はその脂肪酸の分解過程で生じたエネルギーを利用している．

13.2 核　酸

生命の遺伝情報は核酸に保存され，伝えられていく．核酸は高分子であり，その基本構造は核酸塩基とよばれる窒素を含む環状化合物とリン酸，および糖である．核酸にはデオキシリボ核酸(DNA)とリボ核酸(RNA)の2種類があり，DNAは細胞内の核に多く含まれ，RNAは細胞質に多く含まれる．核酸はポリヌクレオチドともよばれ，最小単位であるヌクレオチドが重合してできている．図13-8にDNAの一部を示す．

はじめに，核酸を構成するパーツを眺めていこう．まず，核酸塩基にはピリミジン塩基とプリン塩基がある．ピリミジン塩基は，シトシン(C)，チミン(T)，ウラシル(U)の3種類である．一方，プリン塩基は，アデニン(A)とグアニン(G)の2種類である．シトシンはDNAとRNAの両方に含まれるが，チミンはDNAのみ，また，ウラシルはRNAのみに含まれる(図13-9)．

核酸に含まれる糖はD-リボースとD-2-デオキシリボースである．リボースの2位のヒドロキシ基がなくなり，水素に置き換わったものを2-デオキシリボースとよび，これがDNAに含まれる糖である．一方，D-リボースはRNAに含まれる．

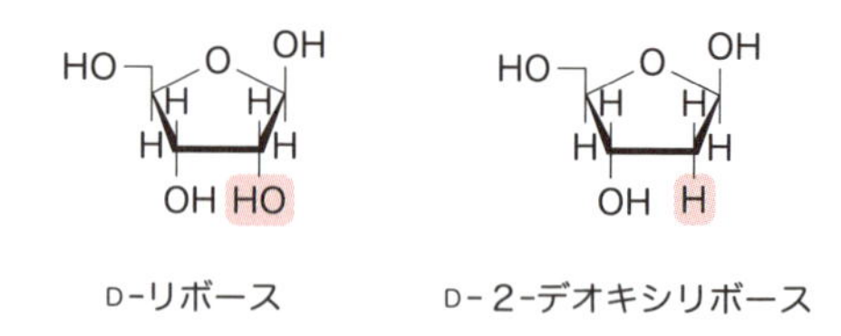

これら核酸塩基と糖が結合したものをヌクレオシドとよぶ(図13-8参照)．アデニンがリボースと結合してできたヌクレオシドはアデノシン，グアニンがリボースと結合してできたヌクレオシドはグアノシン，シトシンがリボースと結合してできたヌクレオシドはシチジン，ウラシルがリボースと結合してできたヌクレオシドはウリジンとよばれる．これらヌクレオシドにリン酸が結合したものがヌクレオチドである．

前述したように，核酸はヌクレオチドの高重合体であり，糖とリン酸が交互にエステル結合してできている．DNAは2本のポリヌクレオチド鎖の塩基部分が互いに内側に向いて水素結合している．これによって二本鎖が二重

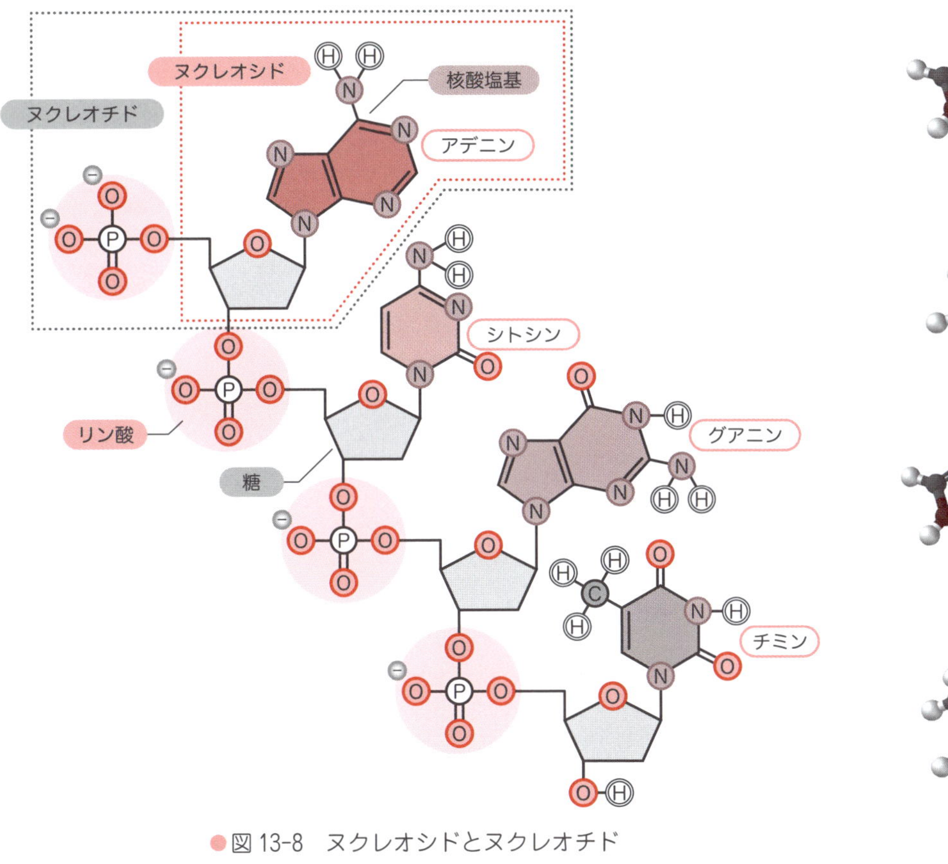

●図 13-8　ヌクレオシドとヌクレオチド

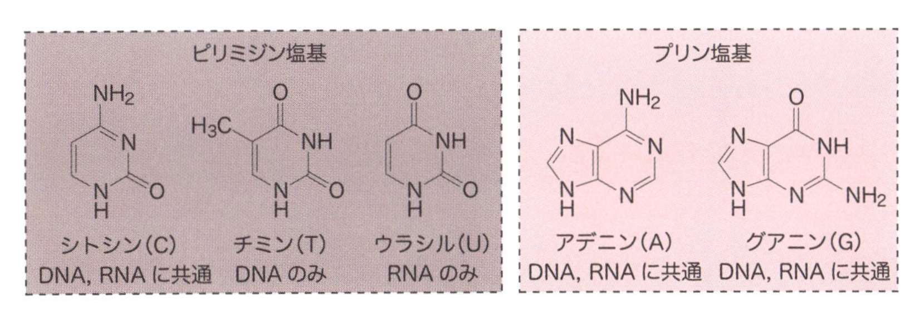

●図 13-9　核酸塩基の構造

らせん構造になる．この構造は，らせん階段をイメージするとわかりやすい(図 13-10)．

核酸は，生物の身体の DNA や RNA の構成成分の一つなので，私たちが普段口にする食べ物には当然ながら核酸が含まれている．核酸が身体のなかに取り込まれると，代謝されてプリン塩基が生じる．プリン塩基はさらに代謝されて最終的には尿酸になる．尿酸は結晶になりやすく，身体のなかで尿酸の結晶が生じると激しい痛みが引き起こされる．これが痛風である．血液中の尿酸値が高いと痛風になる可能性が高いため，最近では，尿酸値を高くしないような食生活を心がける人が増えている．

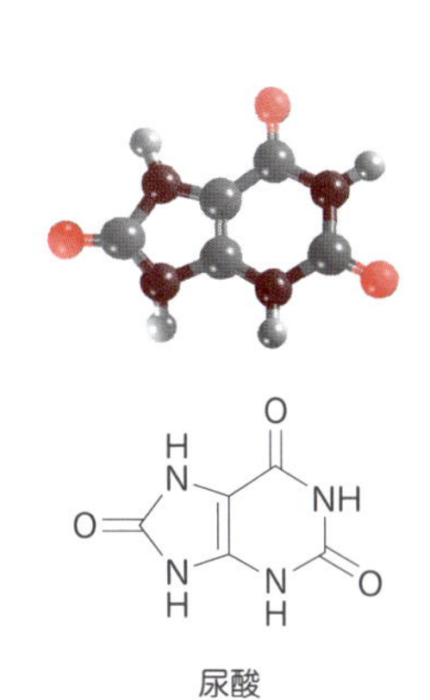

尿酸

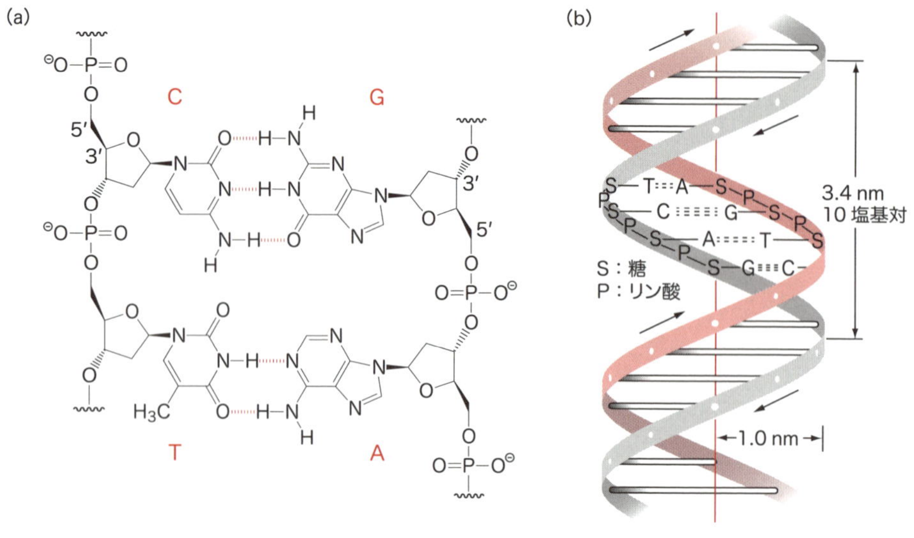

●図 13-10 DNA の構造

（a）DNA の二本鎖を形成する塩基対．色のついた点線が水素結合．

（b）二本鎖 DNA の二重らせん．

章末問題

（1）生体膜を構成する脂質の側鎖がすべて飽和しているとしたら，どのような不都合が生じるか考察せよ．

（2）ヌクレオシドとヌクレオチドの相違を説明せよ．

（3）DNA の二本鎖はアデニンとチミンの多い領域よりもグアニンとシトシンの多い領域のほうが安定である．理由を説明せよ．

Chapter 14 医薬品の化学構造

医薬品は，その名前を知ってどんな薬効があるのかを理解して扱うことが必要である．しかし，世の中に出回っている医薬品の数はとても多く，それぞれの名前を覚えるだけでもたいへんである．実際，カタカナの名前を呪文のように唱えて覚えているケースが多いのではないだろうか．もし，医薬品を化学構造式に基づいて考えられるようになれば，医薬品をもっと簡単に理解し，適切に使用することができるはずである．

この章では基本的な医薬品の化学構造をわかりやすく解説する．平面で描かれている化学構造式を立体的にとらえることができるように，分子模型も使ってみよう．

① アスピリン

アスピリンは解熱・鎮痛・抗炎症および血小板凝集抑制など，さまざまな薬理作用を示す．その構造は，サリチル酸のアセチル化体とみなすことができる．カルボキシ基(カルボン酸)があることから，酸性を示すこともわかる．アスピリンは酸性抗炎症薬として有名である．

分子模型で，最初にサリチル酸をつくってみよう．ベンゼン環が平面であることがわかるだろう．続いて，アスピリンをつくってみよう．

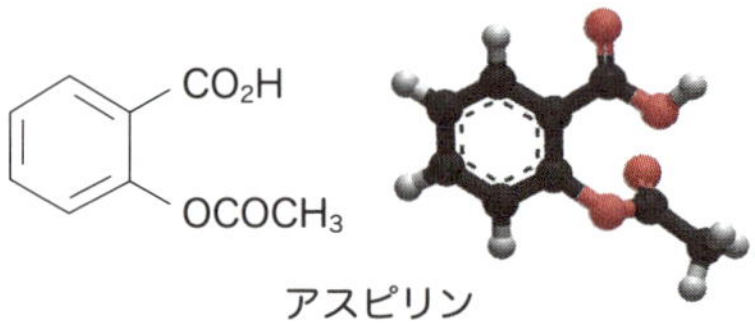

アスピリン
鎮痛・抗炎症薬

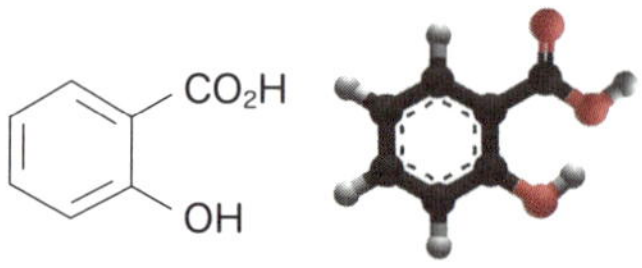

サリチル酸

② **ジアゼパム**

ジアゼパムは，中枢に働き，抗不安および鎮静作用を示す．ジアゼパムの構造のなかにアミドがあることがわかるだろうか．分子模型でつくってみよう．七員環の構造はベンゼンと異なり，平面性をもたないことがわかるだろう．

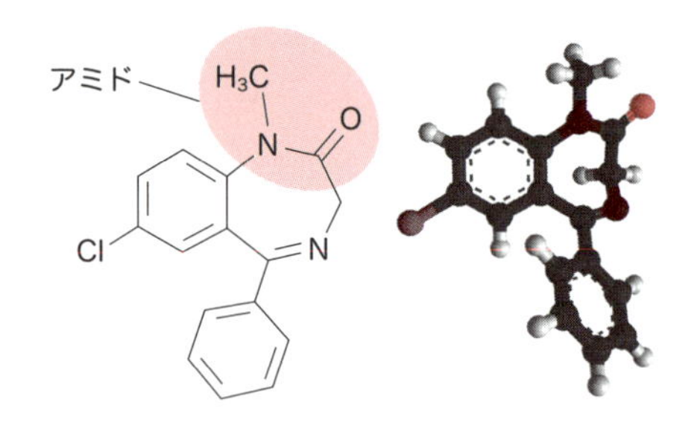

ジアゼパム
抗不安薬・鎮静薬

③ **ペニシリン**

ペニシリンは四員環状になったアミド構造をもっている．このような環状のアミドをラクタムとよぶが，四員環のラクタムの場合は，*β*-ラクタムとよばれる．これは，カルボニルの隣の隣，すなわち*β*位で閉環したと考えられるためである．分子模型をつくってみると，*β*-ラクタムにはとても大きなひずみがかかっていることがわかるだろう．このひずみが*β*-ラクタムの四員環を開きやすくし，活性を発現させる鍵となっている．

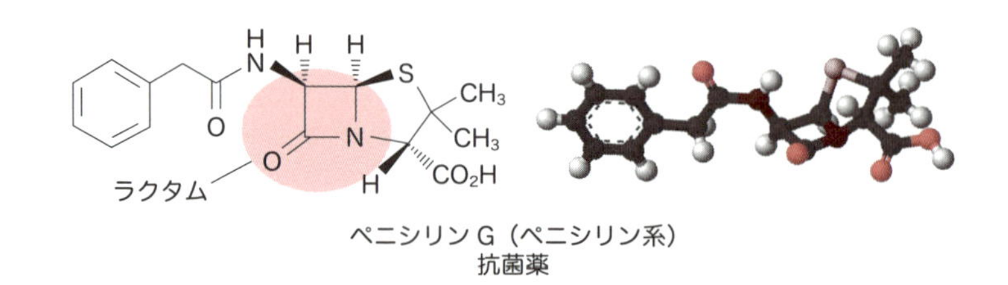

ペニシリンG（ペニシリン系）
抗菌薬

④ **ニフェジピン**

ニフェジピンは血圧を下げる薬である．化学構造は，1,4-ジヒドロピリジンをもつことが特徴的である．1,4-ジヒドロピリジンはピリジンが1位と4位で還元された構造である．分子模型をつくってみると，1,4-ジヒドロピリジンがベンゼン環のような平面構造ではないことがわかるだろう．

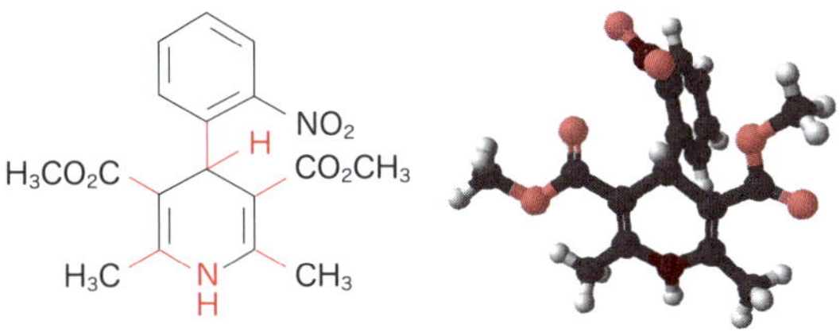

NO_2 H_3CO_2C H CO_2CH_3 H_3C N H CH_3

ニフェジピン
降圧薬

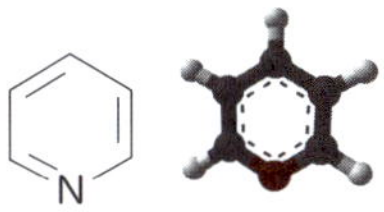

N

ピリジン

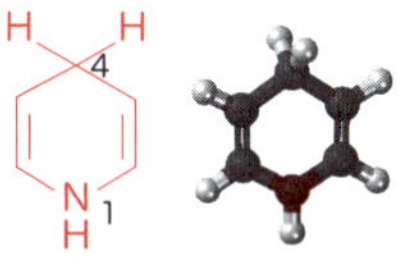

H H 4 N H 1

1,4-ジヒドロ
ピリジン

⑤ カプトプリル

カプトプリルも血圧を下げる作用がある．カプトプリルの構造のなかにアミノ酸であるL-プロリンが含まれていることがわかるだろうか．この医薬品は，身体のなかで血圧を上げる作用をもつ活性ペプチドが生成する際，基質ペプチドと酵素の相互作用様式を考えて，つくられたものである．二つの不斉点の立体化学を確認しながら分子模型をつくってみよう．

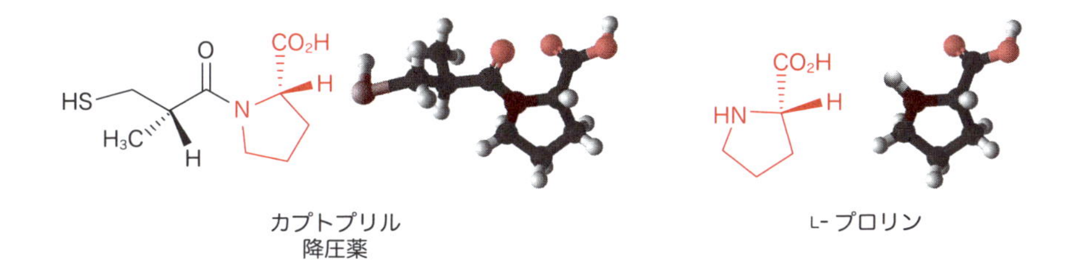

カプトプリル
降圧薬

L-プロリン

⑥ インドメタシン

インドメタシンはアスピリンと同様に解熱・鎮痛・抗炎症作用を示す．構造のなかにインドールがあることがわかるだろう．インドールは，ベンゼン

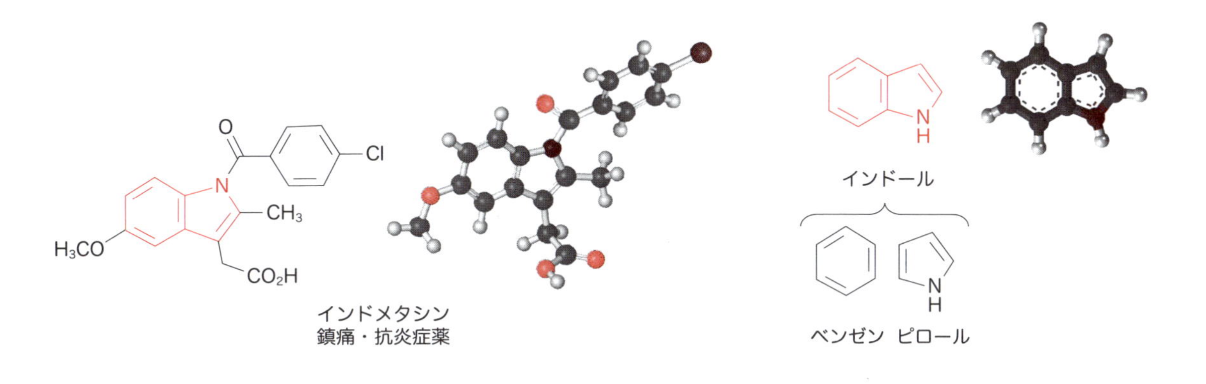

インドメタシン
鎮痛・抗炎症薬

インドール

ベンゼン　ピロール

とピロールが縮環したものである．インドールはベンゼンと同じように芳香族性をもつので平面状になっている．分子模型で確認しよう．

⑦ カンデサルタン シレキセチル

カンデサルタン シレキセチルは，プロドラッグである．プロドラッグとは，生体内で酵素などの働きにより化学構造が変化してはじめて活性を示す医薬品のことをいう(p. 106 コラム参照)．カンデサルタン シレキセチルの活性を示す本当の構造はカンデサルタンである．これをシレキセチル基とエステル結合を形成させたカンデサルタン シレキセチルの形にして経口投与する．身体のなかに入ってから，シレキセチル基がはずれて活性を示すカンデサルタンとなり，血圧を下げる働きをする．

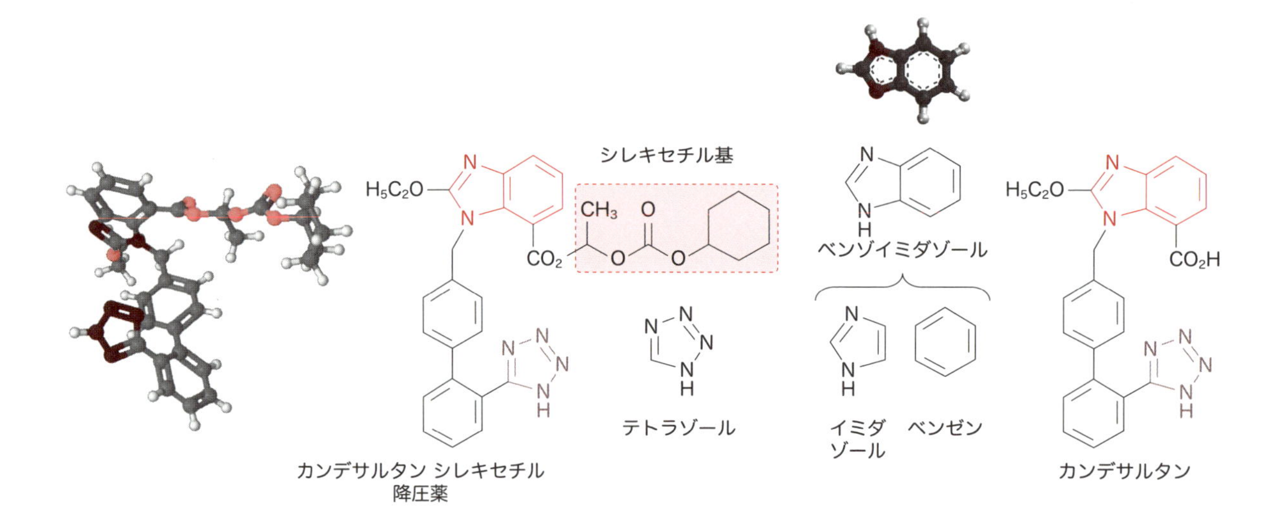

このカンデサルタン シレキセチルの構造には，ベンゾイミダゾール(ベンゼンとイミダゾールが縮環した)や，テトラゾールも含まれている．分子模型をつくって立体構造をながめてみよう．

⑧ シメチジン

シメチジンは抗かいよう薬である．イミダゾールが含まれていることがわかるだろう．分子模型でつくってみよう．

H_3C NH HN N — CN H_3C S HN N

シメチジン
抗かいよう薬

HN N

イミダゾール

⑨ レボフロキサシン

レボフロキサシンは抗菌薬である．構造を見ると，不斉炭素が一つあり，立体化学がS配置であることがわかるだろう．レボフロキサシンは光学活性体である．もともとはオフロキサシンという名前で，ラセミ体で使われていたが，S配置とR配置のそれぞれのエナンチオマーを比較した結果，S配置のほうが優れた活性を示すことがわかり，片方のエナンチオマーのみで使うようになった．レボフロキサシンのレボとは，S配置のエナンチオマーが左旋性(levo)を示すところからつけられた(5章 p. 49 参照)．また，レボフロキサシンはピペラジンも含んでいる．分子模型をつくって立体構造を確認しよう．

レボフロキサシン
抗菌薬

ピペラジン

⑩ プラバスタチン

プラバスタチンはコレステロール低下薬である．化学構造の上のほうにカルボン酸のナトリウム塩があるのがわかるだろう．カルボン酸をナトリウム塩にすることで，より水溶性が高まっていることがわかる．また，下のほうは六員環が二つ縮環した構造であることがわかる．この部分は極性が低くなっていることが予想される．不斉中心が多くあるので気をつけて分子模型をつくってみよう．

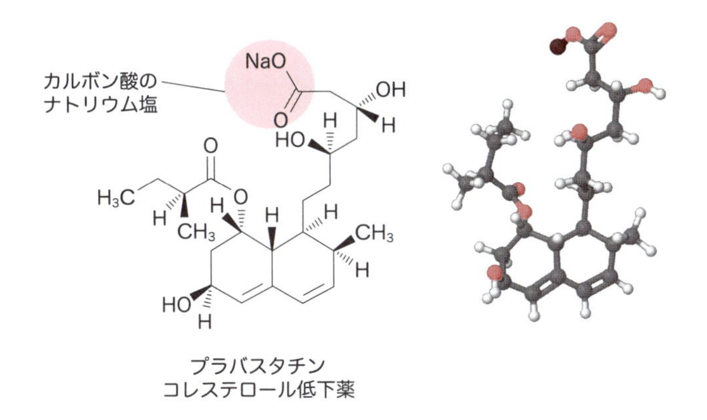

プラバスタチン
コレステロール低下薬

章末問題の解答と解説

1章

(1) 有機化合物は（a）（b）（f）（g），無機化合物は（c）（d）（e）．

【解説】有機化合物の定義はとても曖昧である．但し書きで例外を設けたため，必ずしも納得できるものではない分類になっているかもしれない．たとえば，クロロホルム（$CHCl_3$）は有機化合物であるが，四塩化炭素（CCl_4）は無機化合物である．最近では，これらを境界線でしっかり区別することにはあまり意味がないとも考えられている．明らかな無機化合物（炭素を含まないもの）が見分けられたらそれでよいとしよう．

(2) (a) $H_2C=CH-Cl$　(b) $H_2C=CH-C_6H_5$　(c) $H_2C=CH-CN$

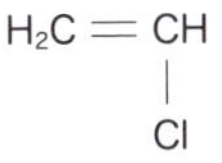

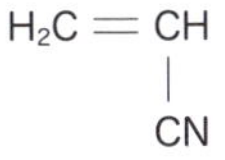

【解説】これらのポリマーは，いずれも相当するビニルモノマー（$H_2C=CH-X$）を重合反応によって重合させてつくられており，ビニルポリマーと総称されている．X の部分を変えることで，性質の違う繊維や樹脂などがつくられる．

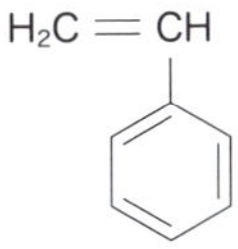

(3) デンプンは，たくさんの糖が脱水縮合してつながってできている高分子である．したがって，この糖の連結を切る酵素は，水を加えて結合を切る（分解する）反応を行う．すなわち，この酵素は加水分解反応を行っている．

(4) 酸化反応

【解説】エタノールがアセトアルデヒドになる反応は，有機化学の反応としては「酸化反応」になる．反応前の分子と比較して得られた分子中の水素の数が減る，もしくは酸素の数が増える場合に「酸化された」という．一方で，得られた分子中の水素の数が増える，もしくは酸素の数が減る場合は「還元された」となる．下記のエタノールからアセトアルデヒドが得られる反応は，水素の数が減っているので「エタノールは酸化された＝酸化反応」といえる．

$$H_3C-CH_2-OH \longrightarrow H_3C-CHO$$

エタノール　　アセトアルデヒド

2章

(1)（a）エーテル：1,4-ジオキサン，（b）フェノール：*m*-クレゾール，（c）ケトン：ベンゾフェノン，（d）アミド：ベンズアミド，（e）アルコール：シクロヘキサノール，（f）カルボン酸：ブタン酸，（g）アルデヒド：アセトアルデヒド，（h）ハロゲン化合物：クロロホルム，（i）アミン：トリエチルアミン

(2) (a)（1,4-ジオキサンの構造式）　(b)（m-クレゾールの構造式）　(c)（ベンゾフェノンの構造式）　(d)（ベンズアミドの構造式）　(e)（シクロヘキサノールの構造式）

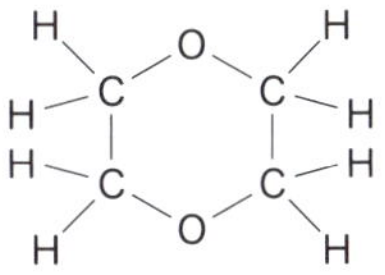

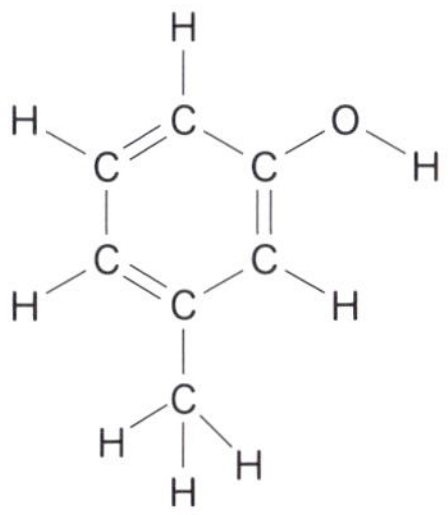

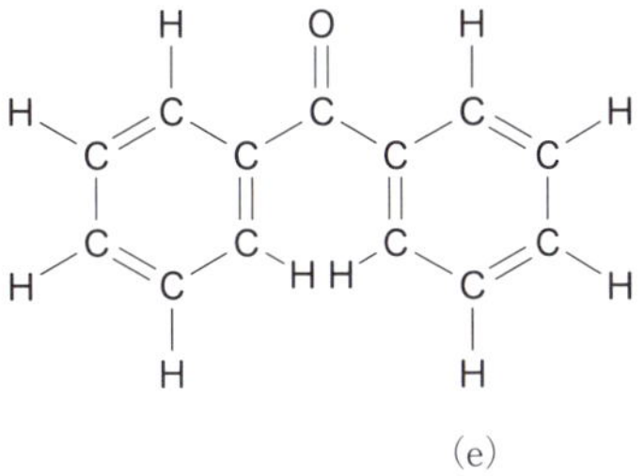

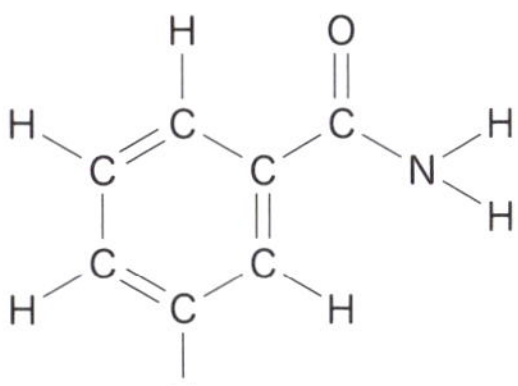

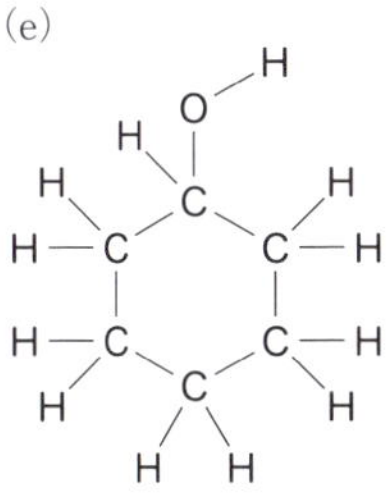

(f) (g)

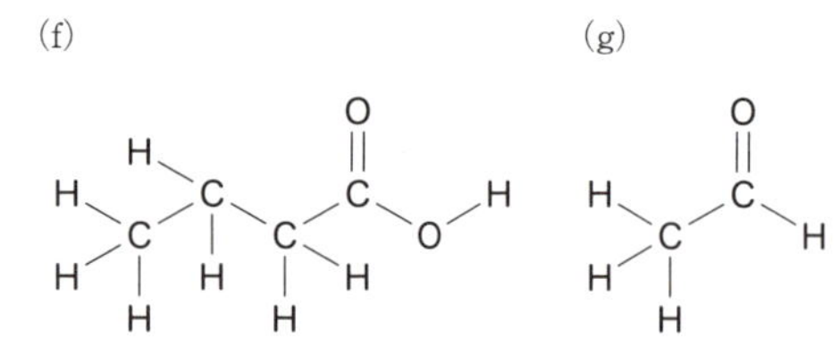

(h) 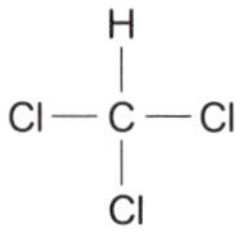 (i)

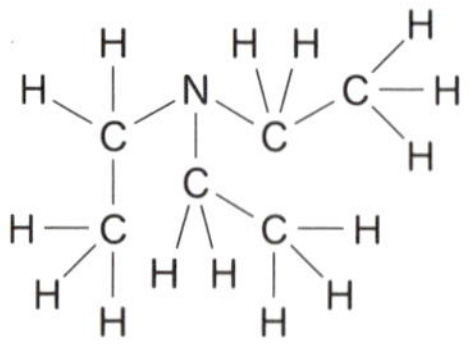

(3) (a) 2-methylpropan-2-ol

【解説】2位にメチル基とヒドロキシ基が置換したアルコールとして命名する.

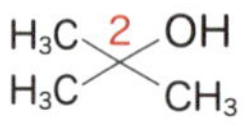

H_3C 2 OH
H_3C CH_3

(b) aminobenzene

【解説】アミノ基が置換したベンゼンとして命名する.

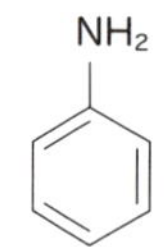

(c) 3-methylpentane

【解説】3位にメチル基が置換したペンタンとして命名する.

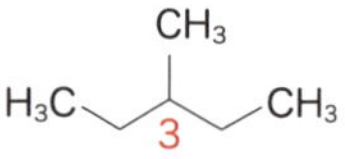

CH_3
H_3C 3 CH_3

3章

(1) (a) 9個, (b) 70個, (c) 51個, (d) 62個

【解説】(a)〜(d) はすべて放射性同位体であり, 核医学に用いられる.

(2) (a) (b) (c) 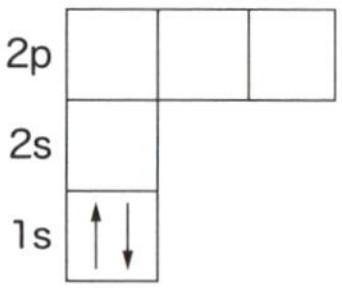 (d)

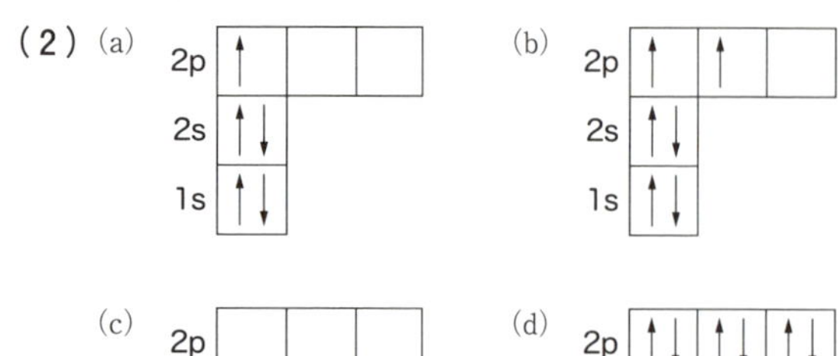

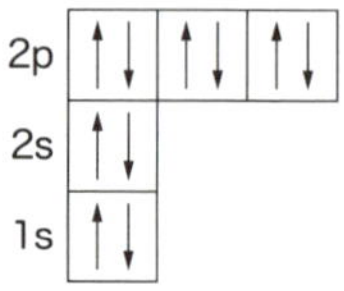

(3) (a)

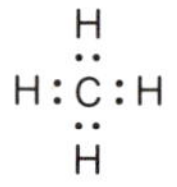

CH_4
メタン

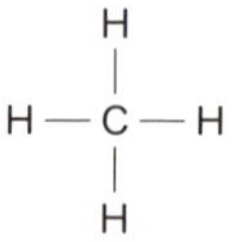

(b)

C_2H_4
アセチレン

(c)

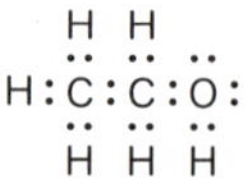

C_2H_5OH
エタノール

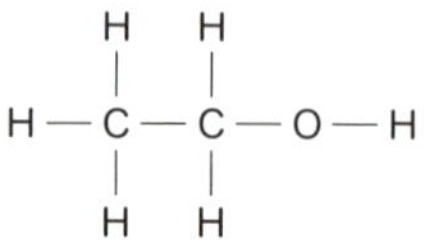

(d)

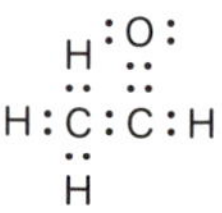

CH_3CHO
アセトアルデヒド

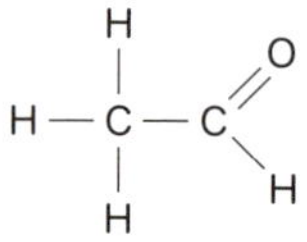

4章

(1) (c)

【解説】他の分子には極性がない.

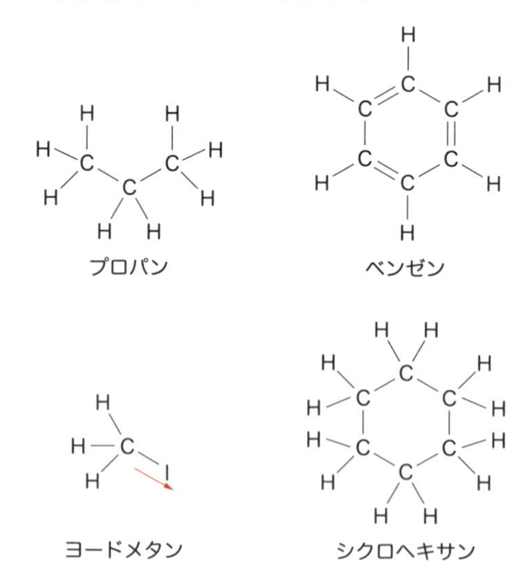

(2) (a), (d)

【解説】ベンゼンの炭素およびエチレンの炭素はすべて sp^2 混成である. 一方, シクロヘキサンの炭素およびクロロホルムの炭素はすべて sp^3 混成である.

（3）$H_3C-CH_2-CH_2-CH_2-CH_3$　　$H_3C-CH(CH_3)-CH_2-CH_3$

$C(CH_3)_4$

5章

（1）シクロヘキサンの最も安定な配座はいす形配座である．次のように表される．

（2）（a）キラル，（b）キラル，（c）アキラル，（d）キラル

（3）（a）キラルではない．同一の基（水素）が二つ結合している．

（b）キラルで S 配置

【解説】優先順位は，クロロ基（$-Cl$）→メトキシ基（$-OCH_3$）→メチル基（$-CH_3$）→水素の順（左回り）．

（c）キラルで S 配置

【解説】優先順位は，クロロ基→メルカプト基（$-SH$）→メトキシ基→水素の順（右回り）．

6章

（1）$H_3C-CH_3 \longrightarrow H_3C\cdot + \cdot CH_3$

エタン　　メチルラジカル　メチルラジカル

【解説】ラジカル反応は，片刃の曲がった矢印を使って電子の動きを表す．均等に電子が動いて結合が切断されるので，ホモリシスとよばれる．

（2）置換反応は（a），（b）である．

【解説】（c）は付加反応，（d）は脱離反応である．

（3）平衡反応を右辺に偏らせるためには，左辺の原料を増やす，もしくは右辺の生成物を減らせばよい．フィッシャーのエステル化においては，左辺のアルコールをカルボン酸より過剰量用いると(増やすと)平衡が右辺に偏る．また，右辺に生成する水を除く(脱水する)ことによって，平衡を右辺に偏らせることもできる．

7章

（1）（a），（b），（e）はプロトンを放出することができるので，酸になりうる．

【解説】（c），（d），（f）はプロトンを放出することはできないが，電子を受け取ることができるので，ルイス酸になる．

（2）アミンの塩基性は，窒素上にある非結合電子対の電子の存在する割合(電子密度)が大きいほど強くなる．電子供与性のメチル基が2個存在するジメチルアミンは，1個のメチルアミンよりも塩基性度は高い(図7-7参照)．

（3）ジイソプロピルアミンが酸として働き，ブチルリチウムが塩基として働いている．

【解説】一般的にはアミンは塩基として働くが，より強い塩基に対してはプロトンを奪われて酸として働くことになる．この場合，ブチルリチウムのほうがより強い塩基であるため，ジイソプロピルアミンのNH上のプロトンが引き抜かれてアミドイオンになる．

8章

（1）一般にアルコールは水に溶けやすい．これは，アルコールのヒドロキシ基が水と水素結合を形成するからである．しかし，1-ペンタノールのようにアルキル基の炭素数が多くなると，疎水性のアルキル基の部分が親水性を示すヒドロキシ基よりも勝り，結果的に水に溶けにくくなる．

【解説】アルキル基の部分が水中でばらばらに存在すると，表面に水分子が接触せざるをえない．逆にアルキル基の部分が集合すると，それぞれに接触していた水分子が追い出され，水中で自由にふるまえるので，有利になる．このように，疎水性部分の集合により水が追い出されて有利になる性質を「疎水性相互作用」といい，医薬品が働く際大きな役割を果たしている．

（2）(a)

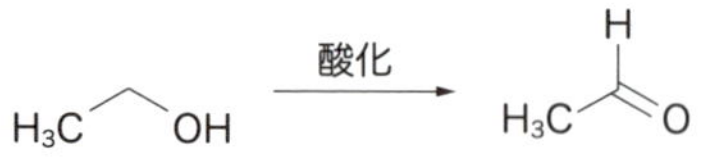

第一級アルコール →酸化→ アルデヒド →酸化→ カルボン酸

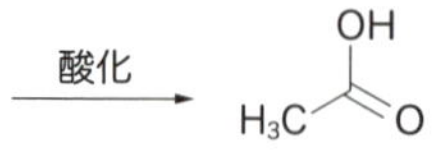

(b)

第二級アルコール →酸化→ ケトン

(c)

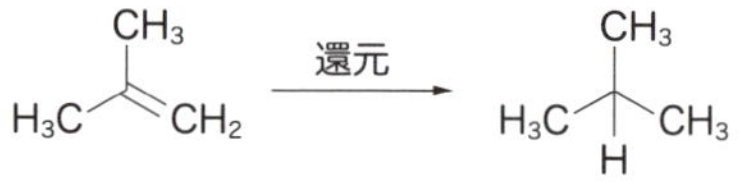

アルケン →還元→ アルカン

(d)

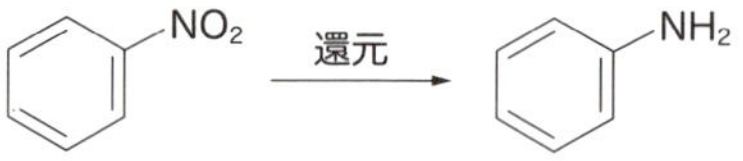

ニトロ基 →還元→ アミノ基

【解説】（a）は第一級アルコールであるので，1段階の酸化でアルデヒドになる．さらに酸化が進むとカルボン酸になる．（b）は第二級アルコールであるので，酸化して得られる化合物はケトンになる．（c）はアルケンなので，還元されるとアルカンになる．（d）はニトロ基をもつので，還元されるとアミノ基になる．

（3）第三級アルコールである **X** の脱水反応はザイツェフ則に従うため，よりアルキル置換基の多いアルケンが生成する方向に反応が進行する．すなわち，**b** より **a** のほうが主生成物として得られる．

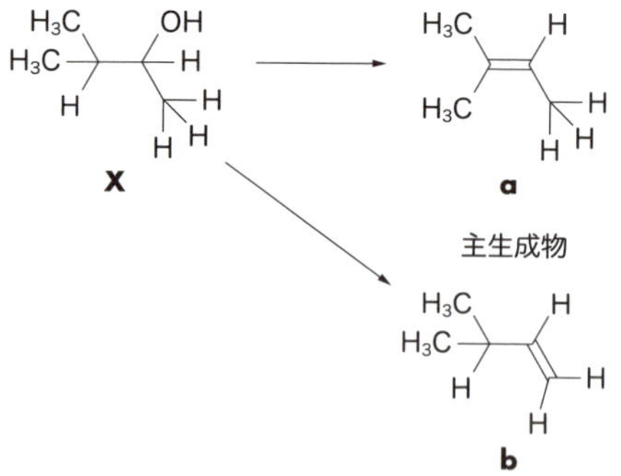

X → **a**（主生成物）, **b**

9章

（1）

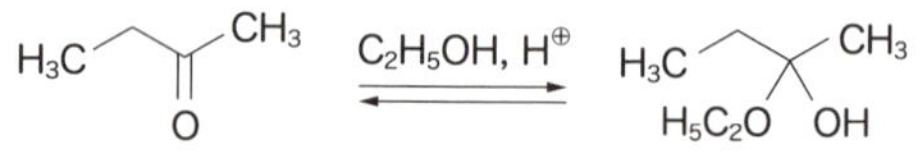

$\xrightarrow{C_2H_5OH,\ H^{\oplus}}$ ヘミアセタール $\xrightarrow{C_2H_5OH,\ H^{\oplus}}$ アセタール + H_2O

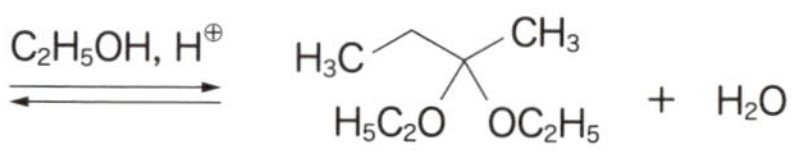

【解説】酸触媒共存下，ケトンに対しエタノール1分子が求核付加してヘミアセタールが形成される．さらにもう1分子のエタノールが求核付加してアセタールが生成する．この反応は平衡反応である．

（2）（b），（e）

【解説】（a）は酸化されてアセトアルデヒドになり，メチルケトン構造をもつので陽性．（c），（d）はメチルケトン構造もつので陽性．（b）は炭素が一つの化合物なので陰性．（e）はα位に水素がないので反応が進行しないため陰性．

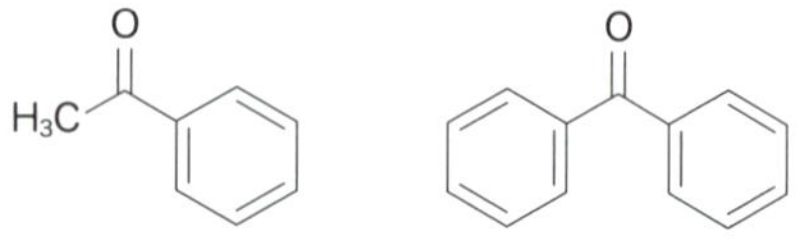

アセトフェノン　ベンゾフェノン

（3）水溶液中，1分子のアルデヒドのカルボニル基にプロトン付加することによってα位の水素が脱離し，エノールが生成する．エノールのα位の炭素が求核性をもつので，もう1分子のアルデヒドを求核付加し，生成物が得られる．1分子のアルデヒドが求核剤として働き，もう1分子のアルデヒドが求電子剤として働くことによって反応が進行する．

10章

（1）安息香酸はカルボン酸なので酸として働く．アンモニアは塩基なので，酸と塩基を反応させると酸–塩基反応が起こり，安息香酸のアンモニウム塩が生成し，求核アシル置換反応は起こらない．したがって，ベンズアミドは得られない．

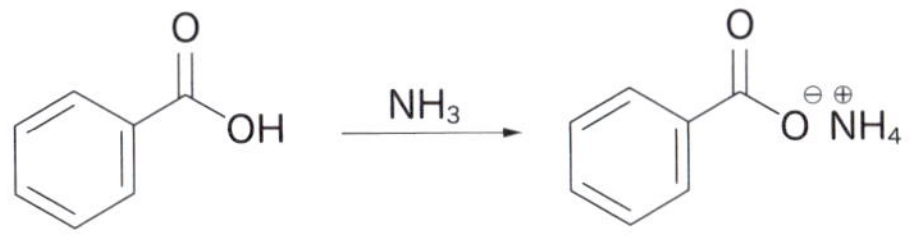

アンモニウム塩

（2）

酸ハロゲン化物

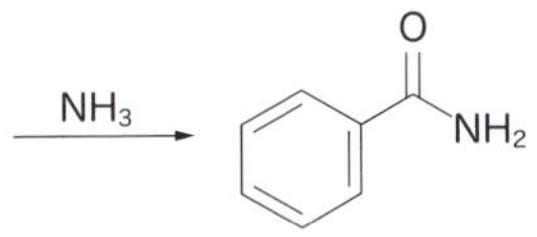

アミド

【解説】安息香酸を塩化チオニルなどのハロゲン化剤と反応させ，反応性の高いハロゲン化物にする．続いて，求核剤としてアンモニアを加え，求核アシル置換反応を行い，ベンズアミドを得る．

（3）アルデヒドやケトンはカルボニルに直接結合している元素が水素もしくは炭素である．C–H結合もしくはC–C結合は電気陰性度の差が少なく，安定な結合になる．したがって，カルボニルの炭素から電子を求引して脱離する能力が潜在的に乏しく，置換反応が起こらない．

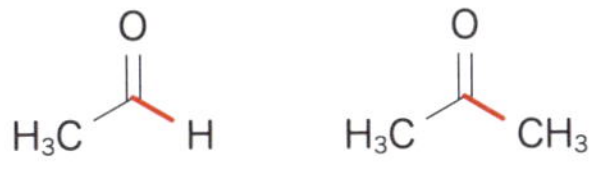

（4）アミンは窒素上の非共有電子対の電子密度が大きいほど，塩基性は強くなる．たとえばジエチルアミンでは二つの電子供与性のアルキル基の効果により，塩基性が強い．一方で，アミドは，共鳴によって窒素上の非共有電子対がカルボニルとのC–N結合に動くため，窒素上に局在しない．したがって，窒素上の非共有電子対の電子密度が減り，塩基性が弱くなる．共鳴によるC–N結合の二重結合性によって，結果的にアミドは塩基性を示さず，中性になる．

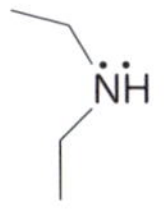

ジエチルアミン

共鳴

アセトアミド

11章

（1）（a）アニリン<メチルアミン<水酸化ナトリウム，（b）ジフェニルアミン<アニリン<メチルアミン，（c）水<アンモニア<メチルアミン

（2）塩基も求核剤も非共有電子対や負の電荷をもつ．分子が非共有電子対を使ってプロトンを攻撃する場合には，その分子は塩基とよばれる．一方，分子が非共有電子対や負の電荷を使ってカルボカチオンなど電子が不足した求電子性をもつ分子を攻撃する場合には，その分子は求核剤とよばれる．たとえば，水酸化物イオンがプロトンを攻撃すれば塩基として働いたことになり，電子不足炭素を攻撃すれば求核剤として働いたことになる．このように，攻撃する相手次第で同一の分子が塩基になったり求核剤になったりする．

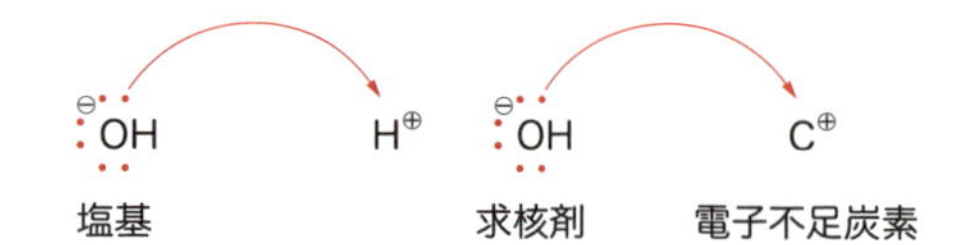

（3）LDA はイソプロピルアミンがブチルリチウムと反応して生じるアミドイオンの塩である．LDA は嵩高いイソプロピル基をもつため，比較的小さなプロトンを攻撃することはできるが，電子不足炭素を攻撃することは難しい．したがって，求核性の低い塩基であるといえる．

HN(iPr)₂ $\xrightarrow{CH_3CH_2CH_2CH_2Li}$ $Li^{\oplus}$ $^{\ominus}$N(iPr)₂ + $CH_3CH_2CH_2CH_3$

LDA

12 章

（1）塩基性アミノ酸はリシン（リジン），アルギニン，ヒスチジン．

リシン　アルギニン　ヒスチジン

酸性アミノ酸は，アスパラギン酸，グルタミン酸．

アスパラギン酸　グルタミン酸

（2）

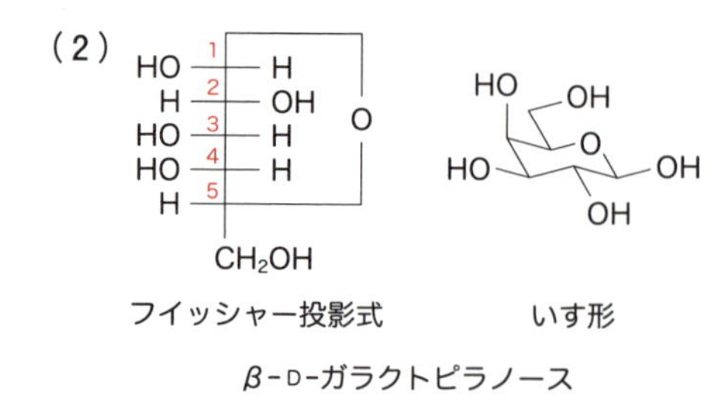

フイッシャー投影式　いす形

β-D-ガラクトピラノース

（3）p. 124 に示したように，水溶液中ではヘミアセタールの環が開いた鎖状構造を経て α-アノマーと β-アノマーの間で相互変換が起こる．最初は α-アノマーの示す高い旋光度が観察されるが，徐々に相互変換し，α-アノマーと β-アノマーの比が 36 : 64 で平衡状態になる．この平衡状態になったときの旋光度が +53° くらいで一定になる．このような現象を変旋光とよぶ．

13 章

（1）飽和脂肪酸はパッキング（アルキル長鎖が互いに密に相互作用すること）するため融点が高くなる．したがって，流動性が低く，固まりやすいことが推定される．一方で不飽和脂肪酸は，パッキングしづらく融点は低い．したがって，体温である 37 ℃程度でも流動性が高く，固まりにくい．生体膜が流動性をもつことから，含まれる脂肪酸にはある程度不飽和脂肪酸が含まれることが推定される．

（2）ヌクレオシドの糖のヒドロキシ基にリン酸が結合したものをヌクレオチドとよぶ．ヌクレオチドは核酸の最小単位である．

（3）図 13-10 を参照すればわかるように，アデニンとチミンのあいだには 2 本の水素結合が形成される．一方でグアニンとシトシンのあいだには 3 本の水素結合が形成される．水素結合が多く形成されるグアニンとシトシンの塩基対が多いほど DNA の安定性が増す．

さくいん

◆英文字

◆あ

◆か

◆ま・や・ら

【著者紹介】

高橋　秀依（たかはし　ひでよ）
東京理科大学薬学部教授

1965 年　静岡県生まれ
1994 年　東京大学大学院薬学系研究科博士課程修了
博士（薬学）
専　門　有機合成化学

須貝　威（すがい　たけし）
慶應義塾大学名誉教授

1959 年　東京都生まれ
1984 年　東京大学大学院農学系研究科博士課程中途退学
農学博士
専　門　有機化学，応用微生物学

夏苅　英昭（なつがり　ひであき）
東京大学薬学部研究員
新潟薬科大学薬学部客員教授

1944 年　神奈川県生まれ
1969 年　東京大学大学院薬学系研究科修士課程修了
薬学博士
専　門　有機合成化学，医薬品化学

はじめて学ぶ有機化学

2015 年 8 月 30 日　第 1 版第 1 刷　発行
2025 年 2 月 10 日　　　　第12刷　発行

検印廃止

著　者　高橋　秀依
　　　　須貝　威
　　　　夏苅　英昭
発行者　曽根　良介
発行所　㈱化学同人

〒600-8074　京都市下京区仏光寺通柳馬場西入ル
編　集　部　TEL 075-352-3711　FAX 075-352-0371
企画販売部　TEL 075-352-3373　FAX 075-351-8301
振　替　01010-7-5702
e-mail webmaster@kagakudojin.co.jp
URL　https://www.kagakudojin.co.jp
印刷・製本　創栄図書印刷㈱

ISBN978-4-7598-1807-9